Chemisch-technologische Grundsätze
der
gesammten Ledergerberey;
oder
theoretische und praktische Anleitung zur rationellen Kenntniß und Ausübung der Lohgerberey, der Corduan- und Saffiangerberey, der Justengerberey, der Weiß- und Sämischgerberey, und der Pergamentfabrikation;

zur

allgemeinen Verbesserung und Vervollkommnung dieser Kunstgewerbe.

Auf

eigne Erfahrung gegründet, so wie nach den neuesten Entdeckungen der Chemie und Technologie bearbeitet

von

Sigismund Friedrich Hermbstädt,
Königl. Preußischem Geheimen Rathe etc. etc.

Erster Theil,

welcher die allgemeine Vorbereitung in den chemischen Grundsätzen der Ledergerberey, so wie die Lohgerberey überhaupt, und die Schnellgerberey insbesondre abhandelt.

Mit 3 Kupfertafeln.

Berlin, 1805.
Im Verlag der Realschulbuchhandlung.

Seiner Hochfreyherrlichen Excellenz

dem

Herrn Herrn

Heinrich Carl Friedrich

Reichsfreyherrn

von und zum Stein

Erb- und Gerichtsherrn der Reichsfreyen Herrschaft Nassau an der Lahr, der Herrschaft Birnbaum
ꝛc. ꝛc. ꝛc.

Sr. Königl. Majestät von Preußen wirklichem Geheimen-Staats- und Krieges-Rathe, Vicepräsidenten, und dirigirenden Ministers des Königl. General-Ober-Finanz Krieges- und Domainen-Directorii, Chef des Königl. General-Fabriken- und Commerzial-, wie auch des Accise- und Zoll-Departements, desgleichen des Salzdepartements, der Königl. Seehandlung ꝛc. ꝛc.

Ehrerbietigst zugeeignet

von

dem Verfasser.

Hochgebohrner Reichs Freyherr!

Hochgebietender Herr, wirklicher geheimer Etats- Krieges- Finanz- und dirigirender Minister!

Gnädiger Chef und Herr!

Geruhen Ew. Hochfreyherrliche Excellenz die Zueignung des gegenwärtigen Werks, das der rationellen Bearbeitung eines der wichtigsten Zweige des vaterländischen Manufakturwesens gewidmet ist, als ein schwaches Merkmal der ungeheucheltesten Verehrung aufzunehmen, welche dessen Verfasser Hochdenenselben aus dem reinsten Herzen zollt.

Der unbegrenzte und der vaterländischen Indústrie so nöthige als wohlthätige Eifer, mit welchem Ew. Hochfreyherrlichen, Excellenz allen Fabriken, Manufakturen und technischen Gewerken ein neues Leben zu geben bemühet sind, hat auch den in diesem Buche bearbeiteten Gegenstand Hochdero Scharfblick nicht entgehen lassen: und eben diese Bemerkung gab mir die Veranlassung, demselben, den mir darüber zu eigen gemachten theoretischen und praktischen Erfahrungen gemäß, einer rationellen Bearbeitung zu unterwerfen; von der ich mir schmeichle, daß solche ihren Endzweck, Nutzen für die vaterländische Industrie zu stiften, und rationelle Kenntniß ihres Erwerbzweiges bey den Ledergerbern zu verbreiten, nicht ganz verfehlen wird.

Glücklich ist der Staat, dessen Commerzial- und Manufakturwesen ein Chef an die Spitze gestellt ist, der mit Philosophie und Gelehrsamkeit jeden einzelnen Zweig derselben mit einem seltenen Eifer empor zu bringen bemühet ist! Und von wem könnte man dieses mit mehrerem Rechte behaupten, als von Ew. Hochfreyherrlichen Excellenz?

Glücklich schätze ich daher das mir zu Theil gewordene Loos, unter Ew. Hochfreyherrlichen Excellenz höchster Leitung, mich der rationellen Bearbeitung des vaterländischen Fabriken- und

Manufakturwesens widmen zu können, und mein Eifer wird hierin nie aufhören eben so lebhaft zu seyn, als es die ungeheucheltеste Versicherung der tiefsten Ehrerbietung ist, mit welcher ich ersterbe

Ew. Hochfreyherrlichen Excellenz

unterthänigster Diener

S. F. Hermbstädt.

Vorbericht.

Wissenschaften, Künste, Fabriken, Manufakturen und technische Gewerbe, stehen in einer so engen wechselseitigen Beziehung gegen einander, daß solche ein gemeinschaftliches Band bilden, welches alle untereinander zu einem nicht wohl trennbaren Ganzen verbindet. Die Ledergerberey und ihre verschiedenen Branchen, nemlich die Lohgerberey, die Corduan- und Saffian-Geberey, die Juftengerberey, die Sämischgerberey, die Weißgerberey, und die mit dem Ganzen so eng verbundne Pergamentfabrikation, gehören zu den wichtigsten Manafakturbranchen eines wohl geordneten Staates, und es ist Pflicht desjenigen, der sich dazu berufen fühlt, dasjenige zu ihren Verbesserung und Vervollkommung beyzutragen, was ihm ungeheuchelter Patriotismus, und eigne erworbene Kenntniß des theoretischen und praktischen jener Kunstgewerbe, dazu an die Hand geben.

Jenes war der Zweck bey der Ausarbeitung des gegenwärtigen Werks, und die Basis, worauf ich selbiges gründete: möchte mein guter Vorsatz nur zum Theil erreicht worden seyn, so würde ich mich schon sehr glücklich schätzen.

Das Publikum empfängt hier den ersten Theil dieses Buchs, welches die Vorbereitung zu den chemischen und andern wissenschaftlichen Grundsätzen der Ledergerberey im allgemeinen, und die Lohgerberey insbesondre enthält. Meiner auf eigne Erfahrung gegründeten Anleitung zur Schnellgerberey, welche diesen Theil beschließt, bitte ich einige Aufmerksamkeit zu gönnen, man wird sich dabey nicht getäuscht finden.

Der zweyte Theil, welcher eben so stark wie der gegenwärtige ausfallen, und mit einem vollständigen Register versehen, zur Ostermesse bestimmt erscheinen wird, enthält die Juftengerberey, die Corduan- und Saffian-Gerberey, die Weiß- und Sämischgerberey, die Pergamentfabrikation, und einige andre allgemeine Objekte, welche zu diesen Manufakturbranchen gehören.

Bescheidene Zurechtweisung, da wo ich geirrt haben sollte, von Gelehrten, so wie gründliche Bemerkungen von erfahrnen praktischen Gerbern, werden mir stets sehr willkommen seyn, ich werde solche mit Dank annehmen, und nützlichen Gebrauch davon machen.

Berlin im Julius 1805.

Hermbstädt.

Inhaltsanzeige des Ersten Theils.

Zweyter Abschnitt.

Seite

Dritter Abschnitt.

Vierter Abschnitt.

Erste

Fünfter Abschnitt.

Che-

Chemische Grundsätze

der

Kunst alle Arten Leder zu gerben, zu färben und auf eine sonst erforderliche Art zuzubereiten,

oder

theoretische und praktische Anleitung zur rationellen wissenschaftlichen Kenntniß und Ausübung der Lohgerberey, der Corduan- und Saffiangerberey, der Juftengerberey, der Weißgerberey und der Pergamentfabrikation.

Auf eigne Erfahrungen gegründet, und nach den neuesten Entdeckungen der Chemie und Technologie bearbeitet.

Non ars sine Scientia!

CICERO.

Chemische Grundsätze
der
Kunst alle Arten Leder zu gerben.

Einleitung.

Erklärung des Wortes Gerben.

§. 1.

Unter Gerben oder Gärben in der allgemeinern Bedeutung des Wortes, verstehet man überhaupt die Kunst, irgend einen Gegenstand so zu bearbeiten, daß derselbe dadurch zum speciellen Gebrauch der menschlichen Gesellschaft geschickt gemacht wird.

§. 2.

Daher wird auch das Wort Gerben in einer sehr vielfachen Bedeutung gebraucht: so nennen die Metallarbeiter den Erfolg Gerben, wenn sie ein Metall recht glatt poliren; daher sagt der Kupferschmid: er habe das Kupfer gegerbt, wenn solcher eine Platte desselben so glättet und ebnet, daß sie für den Kupferstecher brauchbar wird. So wird durch wiederholtes Glühen, Schweißen, Hämmern und Cämentiren das Eisen in Stahl umgeändert, eine Operation, welche das Stahlgerben genannt wird; und so wird endlich auch ein sehr glatt polirter Stahl, der zum glätten und poliren anderer Gegenstände angewendet wird, ein Gerbestahl genannt.

Gerben der thierischen Häute.

§. 3.

In der speciellern Bedeutung des Wortes, verstehet man dagegen unter Gerben die Kunst, eine frische, grüne oder rohe Thierhaut, so zu bearbeiten und in ihrer Natur zu verändern, daß sie dadurch gleichsam desorganisirt, und ihrer sonstigen Fäulniß und Zerstörbarkeit beraubt wird. Derjenige welcher diese Kunst vollkommen verstehet, und in allen dazu erforderlichen Operationen hinreichend routinirt ist, wird ein Gerber oder Ledergerber; und der Inbegriff allen hierzu erforderlichen Operationen, Manipulationen und übrigen Kenntnisse, wird die Gerbekunst genannt.

§. 4.

Man nennt eine Thierhaut frisch, roh oder grün, wenn solche so eben von dem Thiere abgezogen, oder auch, ohne eine anderweitige Vorbereitung erlitten zu haben, an der Luft gut ausgetrocknet, folglich bloß ihrer inhärirenden, wäßrigen Theile, die sonst eine Fäulniß in derselben veranlassen würden, beraubt worden ist.

Verschiedenheit der Ledergerberey.

§. 5.

Die gerbende Bearbeitung einer solchen Haut, nämlich ihre Umändrung in Leder, kann nach einer sehr verschiedenen Art veranstaltet werden, je nachdem die gegerbte Haut oder das daraus entstandne Leder zu einem oder dem andern Behuf im menschlichen Leben bestimmt ist; und dieser verschiedenen Gerbungsart zufolge, läßt sich daher die Ledergerberey überhaupt in zwey Abtheilungen unterscheiden:

a) in die Lohe- oder Rothgerberey; und

b) in die Weißgerberey,

wovon jedoch, wie weiterhin gezeigt werden soll, jede einzelne Art wieder in verschiedene Unterabtheilungen zerfället werden kann.

§. 6.

Zur Roth- oder Lohgerberey im allgemeinen, müssen billig alle diejenigen Arten des Ledergerbens gerechnet werden, bei welchen die eigentlich wirksame, die Natur der Thierhaut verändernde Substanz, in einem eigenen zusammenziehenden Stoffe des Pflanzenreichs bestehet, der daher auch fernerhin unter dem eigenthümlichen Namen Gerbestoff näher erörtert und beschrieben werden soll. Pflanzentheile die den Gerbestoff möglichst reichlichst enthalten, nennt man, in ihrem verkleinerten Zustande, Lohe oder auch Gerberlohe, sie mögen in Eichenrinde oder einer andern vegetabilischen Substanz bestehen.

§. 7.

Da indessen in der Gerbung des Leders mit solcher Lohe, d. h. mit denen den Gerbestoff enthaltenden Materialien, nicht alle die Eigenschaft haben, gleich der Eichenrinde, dem gerbenden Leder eine röthliche Farbe zu ertheilen, andre vielmehr (wie der Schmack, die Galläpfel ꝛc.) die damit gegerbte Thierhaut nur wenig färben und fast ganz ungefärbt lassen, so könnte man die allgemeine Lohgerberey, als ihre specielle Zweige, billig unterscheiden:

1) in die Rothlohgerberey; wozu
   a) die eigentliche Lohgarmachung der Rinds-, Roß-, und Kalbshäute, zum Ober- und Unterleder; und
   b) die Juftengerberey gehören;

2) in die Weißlohgerberey: wozu
   a) die Saffiangerberey,
   b) die Corduangerberey; und
   c) die Dänischledergerberey gerechnet werden müssen.

§. 8.

Zur Weißgerberey, in der speciellern Bedeutung des Wortes, müssen hingegen billig alle diejenigen Arten des Ledergerbens gerechnet werden, bey welchen die rohe Thierhaut entweder durch ein zusammenziehendes Mittel aus dem Mineralreich (z. B. den Alaun), oder mittelst einer Durchdringung von Fett, oder auch beiden zugleich, in den Zustand der Gahre versetzt wird, ohne daß ihre natürliche weiße Farbe dabey eine bedeutende Veränderung erleidet; und hierher gehören denn also:

a) die eigentliche Weißgerberey,
b) die Sämischgerberey; und
c) die Pergamentgerberey.

Geschichte der Gerbekunst.

§. 9.

Wie, auf welche Art, und um welcher Zeit überhaupt die Kunst Leder zu gerben entstanden; wer sie zuerst erfunden, welche Völker sie vorzüglich kultivirt und zur Vollkommenheit gebracht haben, darüber ist sehr wenig Historisches aufzufinden. Gewöhnlich hält man indessen die Gerbekunst für eine Erfindung des Orients, und es ist wohl gewiß, daß solche im Morgenlande weit früher als in Europa zu einiger Vollkommenheit gebracht worden ist. Den Fabeln der Chinesen zufolge, lehrte ihr Beherrscher Schinfang sie zuerst Thierhäute zuzubereiten, und die Haare mit Walzen davon trennen; woraus indessen noch gar nicht hervorgehet, daß jene Häute nach der bey uns üblichen Art auch wirklich gegerbt wurden. Plinius schreibt dagegen die erste Erfindung der wirklichen Lohgerberey einem gewissen Tychius aus Böotien zu.

§. 10.

Dem sey indessen wie ihm wolle, so ist es doch immer zu vermuthen, daß selbst die rohesten Völker des grauesten Alterthums, denen die Jagd eine Hauptbeschäftigung war, schon die Kenntniß besaßen, den rohen Thierhäuten eine gewisse Zubereitung zu geben, um sie dadurch vor den sonstigen fäulenden Verderbniß zu schützen, und solche zu ihrer nothdürftigen Bekleidung geschickt zu machen. Sie wurden ohnstreitig durch das Bedürfniß zur Erfindung geleitet; und die Erfindung der Gerbekunst ist also wahrscheinlich ein Werk des Zufalls, so wie die Erfindung der meisten andern Künste. Ihnen muß also auch die erste Erfindung der Kunst Leder zu gerben zugeschrieben werden, wenn gleich zugegeben werden muß, daß diese Kunst ihre eigentliche Kultur und Vervollkommnung erst spätern Zeiten verdankt.

§. 11.

Ohne mich bey der dunkeln, weiter keinen Nutzen bringenden Entstehungsgeschichte der Ledergerberey länger aufzuhalten, will ich vielmehr ganz kurz bemerken: daß diese Kunst, so sehr selbige auch bisher immer nur für ein mechanisches Handwerck gehalten worden ist, doch ganz und gar auf wissenschaftlichen Grundsätzen beruhet, folglich einer sehr rationellen Ausübung fähig ist; daß die Grundsätze der Physik und Chemie die Grundlagen ausmachen, auf welche sie gestützt ist; und daß ohne Mitwirkung dieser Wissenschaften, diese Kunst nie den Grad der Reife und Vollkommenheit annehmen wird, den sie anzunehmen, so sehr geeignet ist.

Nothwendigkeit die Gerbekunst wissenschaftnch zu studiren.

§. 12.

Soll daher die Gerbekunst reell vervollkommt werden, so muß derjenige, der solche ausübt, nämlich der Lohgerber, nicht fernerhin wie bisher sich bloß mit der Kenntniß des Mechanischen dieser Kunst begnügen, sondern er muß in das Wissenschaftliche derselben einzudringen bemühet seyn; dieses allein kann und wird ihn in den Stand setzen, alle mit der praktischen Ausübung seines Metiers verbundene Operationen und Manipulationen, so wie die davon abhängenden Erfolge, in einem andern Lichte zu erblicken als bisher; und indem er über sein Kunstgewerbe anders und richtiger denken lernt, wird er sich in den Stand gesetzt fühlen, dessen Fehler und Mängel zu vernichten, sie zu bekämpfen und die Kunst selbst zu vervollkommnen.

§. 13.

Um diesen Zweck zu erreichen, ist ein wohl geordnetes Studium aller einzelnen Theile, woraus die gesammte Gerbekunst erbauet ist, unumgänglich nothwendig, weil ohne rationelle Kenntniß seiner Theile, das daraus zusammengesetzte Ganze nicht rationell erkannt und beurtheilt werden kann.

§. 14.

Der summarische Inbegriff aller einzelnen Theile, woraus die gesammte Gerbekunst gebildet ist, läßt sich füglich in zwey Hauptabtheilungen zerfällen, wovon die erste die Theorie, die zweite aber die Praxis des Gerbens in sich begreift. Wenn gleich nicht geleugnet werden kann, daß die Theorie aus den Erfolgen der Praxis abgeleitet ist, und allemal abgeleitet seyn muß; so muß doch auch zugegeben werden; daß eine gesunde aus bestimmten Erfahrungen entwickelte Theorie, der Praxis immer zur treuen Führerin dient.

Theile, welche zur Theorie der Gerbekunst gehören.

§. 15.

Zu den einzelnen Theilen, woraus die Theorie der Gerbekunst bestehet, müssen daher billig folgende Kenntnisse mit Recht gezählt werden:

1) Die rationelle Kenntniß derjenigen Materialien oder rohen Naturstoffe, die in der Kunst zu gerben unentbehrlich sind, sowohl nach ihrer natürlichen Abkunft als nach ihren unterscheidenden Kennzeichen.

2) Die rationelle Kenntniß von dem Verhalten der Germaterialien unter sich und zu andern Substanzen; folglich die Kenntniß von ihren bildenden Bestandtheilen, so wie den von ihrer Wechselwirkung abhängenden Erfolgen.

Theile, welche zur Praxis der Gerbekunst gehören.

§. 16.

Zu den einzelnen Theilen, woraus die Praxis der Gerbekunst zusammengesetzt ist, müssen dagegen folgende gerechnet werden:

1) Die Kenntniß von der, nach den Grundsätzen der Theorie eingerichteten, Ausführung aller zur praktischen Gerbekunst gehörigen Operationen und Manipulationen; folglich der besten Regeln und Vorschriften, nach welchen solche veranstaltet werden müssen.

2) Die allgemeine Uebersicht aller derjenigen Verfahrungsarten, deren man sich zu einem solchen Behuf bey verschiedenen Nationen und in verschiedenen Ländern bedient.

3) Die praktische Kenntniß der Kunst, alle Arten Leder zu gerben, solche zu färben, zu appretiren, so wie zum Gebrauch des Handels und der menschlichen Bedürfnisse geschickt zu machen.

§. 17.

Wer siehet es also nicht ein, wie viel die vorher aufgestellten Grundsätze in sich fassen, welches ernstliche Studium sie erfordern, wenn eine rationelle wissenschaftliche Gerbekunst möglich und erreichbar seyn soll. Ich werde daher jeden einzelnen dieser Gegenstände einer nähern Beurtheilung unterwerfen, um alles deutlich zu entwickeln, was auf ihren genauen Ueberblick einen wesentlichen Einfluß hat. Das Endresultat dieser Arbeit wird endlich eine vollständige Darstellung alles dessen enthalten, was zu einer rationellen Gerbekunst unentbehrlich ist.

§. 18.

Ein vollkommen rationelles Studium der gesammten Kunst Leder zu gerben, so wohl in theoretischer als praktischer Hinsicht, setzt eine vierfache Art von Kenntnissen voraus, dahin gehören:

1) Die physische und chemische Kenntniß derjenigen Substanzen, welche gegerbt werden sollen.
2) Die physische und chemische Kenntniß derjenigen Substanzen, welche das Gerben der erstern verrichten.
3) Die physisch-chemische Erkenntniß derjenigen Materien, welche ohne selbst zu gerben oder gegerbt zu werden, als unentbehrliche wirkende Hülfsmittel, die Erfolge des Gerbens veranlassen.

4) Die rationelle Beurtheilungskraft der Ursachen, worauf die Erfolge des Gerbens sich gründen, die von jenen abhängig sind.

§. 19.

Die in der allgemeinen Gerbekunst unentbehrlichen Hülfsmaterialien lassen sich, ihrer natürlichen Abkunft zufolge, ganz füglich unterscheiden:

a) In solche, welche in der Natur allgemein verbreitet liegen, und keinem Naturreiche ausschlüßlich angehören. Sie machen die Gegenstände einer Gerberphysik aus.

b) In solche, welche ursprünglich aus dem Mineralreich abstammen; folglich die mineralichen Hülfsmittel. Sie machen die Gegenstände einer Gerber-Mineralogie aus.

c) In solche, welche ursprünglich aus dem Pflanzenreich abstammen; folglich die vegetabilischen Hülfsmittel. Sie machen die Gegenstände der Gerber-Botanik aus.

d) In solche, welche ursprünglich aus dem Thierreich abstammen; folglich die animalischen Hülfsmittel. Sie machen die Gegenstände der Gerber-Zoologie aus.

§. 20.

Jene verschiedenen Hülfsmittel der Gerbekunst, lassen sich ganz füglich aus einem vierfachen Gesichtspunkte studiren und berücksichtigen; und zwar:

α) Nach ihren äußern Merkmalen oder Kennzeichen, mit

welchen sie uns in der Natur begabt dargeboten werden; und aus diesem Gesichtspunkte betrachtet, machen solche den summarischen Inbegriff der Gerber-Materialienkunde aus.

β) Nach ihren wechselseitigen Wirkungen und den daraus entstehenden Erscheinungen; und hieraus entstehet der summarische Inbegriff einer Gerber-Chemie oder Chemie der Gerbekunst aus.

γ) Nach den Regeln, Handgriffen und Operationen, durch welche sie zweckmäßig vorbereitet und gegenseitig in Wirkung gesetzt werden müssen, um die zu erwartenden Erfolge zu veranlassen; und hieraus erwächst der Begriff einer Gerber-Technologie. Endlich:

δ) Zufolge der rationellen Beurtheilung, der durch die Wechselwirkung der gerbenden Stoffe, auf die zu gerbenden Materialien veranlasseten Erfolge, und die gute Beschaffenheit der durch sie bewirkten Produkte; und hieraus entstehet denn der Begriff einer Gerber-Produktenkunde.

§. 21.

Hieraus gehet also sehr deutlich hervor, daß derjenige, welcher die Ledergerberey in ihrem ganzen Umfange wissenschaftlich studiren und hierdurch zu einer rationellen Ausübung derselben gelangen will, sich diejenigen Kenntnisse und Begriffe aus der Naturkunde, Chemie und Technologie ernstlich zu eigen machen muß, welche mit den Gegenständen der Gerbekunst in einer nähern oder entferntern Beziehung stehen.

§. 22.

Noch besitzen wir zur Zeit kein Lehrbuch über die Ledergerberey, welches dieses Kunstgewerbe aus dem obigen Gesichtspunkte, folglich von seiner rationellen oder wissenschaftlichen Seite bearbeitet, darstellte; alle über die Gerbekunst bisher erschienenen Werke sind größtentheils bloß mechanisch praktische Anleitungen, zur Kenntniß und gewöhnlichen Ausübung derselben; sie sind also mehr dazu geschrieben, dem Gelehrten oder dem Geschäftsmann, der kein praktischer Gerber ist, eine Kenntniß und Uebersicht von diesem Kunstgewerbe zu verschaffen, als den wirklichen Ledergerber zu belehren; denn dasjenige, was dergleichen Schriften enthalten, einige wenige ausgenommen, weiß der praktische Gerber in der Regel besser, als ihre Verfasser solches angeben konnten, und wenigstens lernt er aus dergleichen Werken nichts, was seine Kunst erheben und vervollkommnen könnte.

§. 23.

Wenn es aber nicht geleugnet werden kann, und von Tage zu Tage immer einleuchtender wird, daß die gesammte Gerbekunst auf solide wissenschaftliche Grundsätze, vorzüglich der Physik und Chemie gestützt ist, daß sie genau betrachtet, nur einen einzelnen Zweig der allgemeinen Chemie ausmachet, der in neuern Zeiten durch Mitwirkung der Gelehrten sehr gut bearbeitet und der wissenschaftlichen Form näher gebracht worden ist; so war es ohnstreitig auch nothwendig, das, was die Wissenschaften geleistet haben, dem praktischen Künstler bekannt und genießbar zu machen; dieses konnte aber nicht anders geschehen, als wenn Theorie und Praxis dieser Kunst möglichst mit einander vereinigt, und in systematischer Form entwickelt wurden; und dieses war die Grundlage zur Ausarbeitung des gegenwärtigen Werkes, das daher auch wnigeer für den Gelehrten, als vielmehr für den praktischen Gerber bestimmt ist.

Erster Abschnitt.

Von den in der ausübenden Ledergerberey nothwendigen Grundsätzen der Physik und Chemie.

Von der Gerber-Chemie.

Erste Abtheilung.

Erste Gründe der Gerber-Chemie.

§. 24.

Die Chemie, auch Scheidungskunst und Mischungskunde genannt, macht denjenigen Zweig der allgemeinen Naturwissenschaft aus, welcher die Erforschung der Grundmischung aller, sowohl natürlichen als künstlichen Körper, so wie die Bestimmung der quantitativen und qualitativen Verhältnisse ihrer Mischungstheile oder Bestandtheile, zum Gegenstande hat. Die Anwendung dieser chemischen Grundsätze, auf die Gegenstände der gesammten Gerbekunst, wird hier Gerber-Chemie genannt.

Gemengtheile und Mischungstheile.

§. 25.

Kein einziger Körper, welcher uns in der Natur dargeboten wird, ist einfach, sondern er bestehet aus Theilen, die durch die Kraft der Anziehung zu einem gemeinschaftlichen Ganzen mit einander verbunden sind, und in welche der Körper durch Aufhebung jener Kraft, zerfället werden kann.

§. 26.

Die Chemie unterscheidet jene Theile der Körper: 1) in solche, welche bloß mechanisch neben einander gestellt oder gemengt sind; und 2) in solche, welche innigst mit einander verbunden oder gemischt sind. Die ersten werden daher Gemengtheile, und das Produkt ihrer Mengung wird ein gemengter Körper genannt. Die letztern werden hingegen Mischungstheile oder Bestandtheile, und das Produkt ihrer Mischung wird ein gemischter Körper genannt.

a) Eine frische Thierhaut ist ein gemengter Körper. Ihre Gemengtheile bestehen aus Gallerte, aus thierischer Faser oder häutigen Theilen und aus Fett; wovon jeder einzelne Gemengtheil wieder aus andern Theilen gemischt ist.

b) Eine mit Wasser gemachte Extraktion von Eichenlohe ist ein gemischter Körper, ihre Mischungstheile sind Gerbestoff und Gallussäure, die nur durch die chemische Zergliederung von einander geschieden werden können.

§. 27.

§. 27.

Die gemengten Körper lassen sich gemeiniglich durch solche Behandlungen in ihre Gemengtheile trennen, wobey diese in ihrer Natur wesentlich nicht verändert werden. Die gemischten Körper können indessen nur durch solche Wege in ihre Mischungstheile oder Bestandtheile getrennt werden, wodurch die vorige Natur des gemischten Körpers völlig vernichtet und aufgehoben wird; und eine solche Zergliederung wird eine chemische genannt.

a) Man gieße z. B. in eine klare mit reinem Wasser gemachte Extraktion von Eichenlohe, etwas aufgelöseten Tischerleim: es wird sogleich eine Trübung entstehen, und eine zähe Substanz zu Boden fallen; und die obige Flüssigkeit wird nun ihre gerbende Eigenschaft verloren haben.

b) Hier war die Extraktion aus Gerbestoff und Gallussäure gemischt. Der Tischerleim verband sich, vermöge der größern Anziehung, mit dem Gerbestoff und fiel damit zu Boden, die Gallussäure blieb aber aufgelöst zurück.

§. 28.

Wenn zwey specifisch verschieden geartete Materien, durch die chemische Mischung, zu einem homegenen Ganzen mit einander verbunden sind, so kann diese Mischung nicht anders aufgehoben werden, als wenn eine dritte Materie differenter Art hinzugesetzt wird, welche mit dem einen oder dem andern der vorher gemischten Theile eine größere Neigung zur Verbindung besitzt, als sie gegen einander beobachteten.

In diesem Fall muß die nun hinzugekommene Materie mit einem der vorigen Mischungstheile eine neue Mischung eingehen, und der andre Mischungstheil muß ausgestoßen oder abgeschieden werden; die vorige Substanz erscheint also nun entmischet oder in ihre Bestandtheile zerlegt.

Chemische Anziehung, Affinität oder Verwandschaft.

§. 29.

Das Bestreben, zweier differenter Materien sich zu einem homogenen Ganzen mit einander zu mischen oder zu verbinden, wird chemische Anziehung, chemische Affinität oder Verwandtschaft genannt. Wir werden also den (§. 28.) angeführten Fall so erklären müssen: daß der Gerbestoff und die Gallussäure in der Lohbrühe eine gewisse chemische Anziehung gegen einander behaupten; daß aber die Anziehung des Tischlerleims zum Gerbestoff größer als die des Gerbestoffs zur Gallussäure war, daher der Leim sich mit dem Gerbestoff mischen, und die Gallussäure ausgeschieden werden mußte.

Einfache und zwiefache Anziehung.

§. 30.

Die Wirkung der chemischen Anziehung ist zuweilen mit einer einfachen, zuweilen mit einer zwiefachen Entmischung begleitet. Im erstern Fall wird der Erfolg der einer einfachen, im letztern der einer wechselseitigen, entmischenden oder zerlegenden Affinität genannt.

§. 31.

Wenn z. B. aus einer flüssigen Extraktion von Lohbrühe, der Gerbestoff durch Tischerleim abgeschieden, und die Gallussäure in Freiheit gesetzt wird, so ist dieses ein Erfolg der einfachen entmischenden Affinität, mit einer einfachen Mischung (nämlich der des Gerbestoffs mit dem Leim) begleitet.

§. 32.

Man denke sich hingegen eine Thierhaut, so wie sie aus dem Kalk kommt, nicht gehörig vom Kalk gereinigt, also noch mit einem großen Theil desselben durchdrungen, in eine mit Wasser bereitete Extraktion von Eichenlohe gebracht, die aus Gerbestoff und Gallussäure bestehet; so kommen hier einige differente Materien mit einander in Wirkung: 1) der Gerbestoff und 2) die Gallussäure in der Lohbrühe; 3) der Kalk und 4) die Gallerte nebst der Thierfaser in der Haut. Hier wird sich der Gerbestoff mit der Haut mischen und sie gerben; dagegen werden die Gallussäure nnd der Kalk ebenfalls mit einander in Mischung treten und aufgelöst bleiben. Folglich ist hier eine Verwechselung oder Vertauschung der vorher genannten Mischungstheile vorgegangen, und dieses wird der Erfolg einer wechselseitigen entmischenden Verwandtschaft genannt, die also hier auch von zwey neuen Mischungen begleitet ist.

Edukte und Produkte.

§. 33.

Wenn zwey differente Materien, wie im allgemeinen der

Gerbestoff und die Gallussäure, in dem Extrakt der Eichenlohe, mit einander gemischt sind, und diese Mischung wird durch das Hinzukommen einer dritten Materie, hier des Tischerleims, aufgehoben, so wird der eine der vorigen Mischungstheile, (die Gallussäure) ausgeschieden, der andere aber, (der Gerbestoff) bildet mit dem Tischerleim eine neue Zusammensetzung. In diesem Fall wird der ausgeschiedne Theil ein Edukt, der neu erzeugte aber ein Produkt genannt. Das Produkt enthält also zwar in diesem Fall einen Mischungstheil der entmischten Substanz, man würde sich aber sehr irren, wenn man solches seiner ganzen Natur nach für einen abgeschiedenen Bestandtheil ansehen wollte.

Nahe und entfernte Bestandtheile. Grundstoffe. Elemente.

§. 34.

Wenn die natürlichen Körper, und eben so die künstlichen, einer fortgesetzten chemischen Entmischung oder Zergliederung unterworfen werden, so lehrt die Erfahrung, daß solche oft in sehr mannigfaltige Mischungstheile getrennt werden können. Diejenigen, welche man zuerst daraus gewinnt, aus welchen sie also zunächst gemischt waren, werden nahe, diejenigen hingegen, in welche wieder die nahen zergliedert werden können, werden entfernte Mischungstheile genannt.

§. 35.

Die entferntern Mischungstheile, welche keiner fernern Zergliederung in sinnlich warnehmbare Theile fähig sind, werden Grundstoffe oder auch Elemente genannt; und von diesen kennen wir eine große Anzahl, von welcher sich mit Recht erwarten läßt, daß die Natur ihrer sich bedient, um die mehr gemischten oder zusammengesetzten Körper daraus zu erzeugen. Wahre Elemente, nämlich im höchsten Sinne des Wortes einfache Materien, sind sie nun zwar nicht: denn in dem Weltraume kann nichts im höchsten Sinn des Wortes Einfaches existiren, weil solches nicht mehr für uns erkennbar seyn würde, und weil die immer wirkende Anziehungskraft im Weltraume, die Existenz eines streng Einfachen nicht zuläßt. Alle sogenannte chemische Elemente sind daher schon als Producte der einfachen Mischung andrer Elemente zu betrachten.

Zweyte Abtheilung.

Nähere Betrachtung der einfachen Stoffe, oder chemischen Elemente, mit Rücksicht auf ihre nothwendige Kenntniß in der Gerbekunst.

Anzahl der jetzt bekannten elementarischen Grundstoffe oder Elemente überhaupt

§. 35.

Der oben gegebenen Erklärung zufolge bedeutet das Wort chemisches Element, oder elementarischer Stoff ein Wesen, welches zwar nicht streng einfach, aber doch auch noch nicht durch die Kunst in differente Theile zerlegt worden ist. Von dergleichen Stoffen oder Elementen zählt die allgemeine Chemie gegenwärtig ein und vierzig: nemlich, 8

Stück, welche ziemlich allgemein in der Natur vorbereitet sind: dahin gehören, der Wärmestoff, der Lichtstoff, der Sauerstoff, der Kohlenstoff, der Salpeterstoff, der Wasserstoff; der Schwefelstoff; und der Phosphorstoff; 2 alkalische Salze: das Kali und das Natrum; 10 Erden: die Kalkerde, die Baryterde, die Stronthionerde, die Talkerde, die Thonerde, die Gadolinerde, die Berylerde, die Zirkonerde, die Ochriterde, und die Kieselerde; 21 metallische Elemente: der Goldstoff, der Platinstoff, der Silberstoff, der Quecksilberstoff, der Bleystoff, der Kupferstoff, der Eisenstoff, der Zinnstoff, der Zinkstoff, der Bismutstoff, der Spießglanzstoff, der Nickelstoff, der Kobaldstoff, der Arsenikstoff, der Manganesstoff, der Wolframstoff, der Molybdänstoff, der Uranstoff, der Titanstoff, der Chromstoff, und der Tellurstoff; aber auch diese metallischen Elemente erscheinen uns nie anders als in Verbindungen mit dem Lichtstoffe, als wirkliche Metalle, oder in Verbindung mit dem Sauerstoffe, als Metalloxyde, für sich sind sie nie rein darstellbar.

Nähere Betrachtung dieser Elemente oder Grundstoffe.

§. 36.

Jene Elemente stehen in einer ewig regen Wechselwirkung gegen einander, und üben daher, sie mögen gemischt oder getrennt seyn, ein immerwährendes Bestreben nach Mischung und Zerlegung aus, und hierauf gründen sich die wichtigsten Veränderungen und die davon abhängenden

Erscheinungen, welche wir in der Natur und an ihren Produkten täglich wahrnehmen. Viele von jenen Elementen, aber nicht alle, finden sich auch bey den Gegenständen der Gerbekunst wirksam, sie machen daher Objekte aus, deren Kenntniß dem rationellen Ledergerber, wenn solcher seine Kunst wissenschaftlich studiren will, unentbehrlich ist. Ich werde hier, mit Uebergehung der andern, nur diejenigen einer nähern Erörterung und Betrachtung unterwerfen, welche als wirkende Hülfsmittel in der Gerbekunst wirklich vorkommen, und zur Erkenntniß derselben im ganzen Umfange unentbehrlich sind: dahin gehören folgende.

Von dem Wärmestoff.

§. 37.

Das Gefühl der Wärme und Hitze ist der Erfolg einer ausdehnenden Wirkung, in den Organen unsers Körpers veranlasset. Die elementarische Ursache, welche durch die Berührung mit den empfindlichen Organen unsers Körpers diese Spannung, und durch sie das Gefühl der Wärme darin veranlasset, wird Wärmestoff genannt. Wärmestofff und Wärme, sind also wie Ursache und Wirkung von einander verschieden. Wärme und Feuer dürfen nie mit einander verwechselt werden.

Freyer und gebundener Wärmestoff.

§. 38.

Nur dann, wenn der Wärmestoff in einem freyen gemischten Zustande existirt, kann derselbe auf unser Gefühl als Wärme wirken. Wenn derselbe aber mit andern

Elementen (den Gesetzen der chemischen Anziehung zufolge) in wirkliche Mischung tritt, hört er auf als Wärme zu wirken, und giebt sein Daseyn durch den Zustand der Ausdehnung zu erkennen, in welchen er solche durch seinen Beytritt versetzt; eine Ausdehnung, die im letzten Fall nicht, wie im ersten, mit dem Gefühl der Wärme begleitet ist. So ist zum Beyspiel das Eis ein wärmeleeres Wasser; eiskaltes flüssiges Wasser, ist eine gesättigte Mischung von Eis und Wärmestoff; warmes oder heißes Wasser ist dagegen eine Vermengung von kaltem Wasser und Wärmestoff.

§. 39.

Der Wärmestoff ist die allgemeine Ursache aller flüssigen oder liquiden Form in der ganzen Natur; ohne Daseyn des Wärmestoffes würde sich alles in einem Zustande der Erstarrung befinden; daher entstehet in allen denjenigen Fällen Kälte, wo Wärmestoff aus dem Zustande der Freiheit, in den Zustand der Bindung tritt; und es entsteht dahingegen Wärme und Hitze, wo der Wärmestoff aus dem Zustande seiner Mischung, in den der Freyheit gesetzt wird.

§. 40.

Beweis für den ersten Satz.

Man schütte ein Pfund Schnee oder gestoßenes Eis, in einen Topf, und gieße hiezu ein Pfund vorher bis zum Kochen erhitztes Wasser; der Schnee oder das Eis werden flüssig werden, und das entstandene flüssige Wasser wird nicht viel wärmer als der Schnee vorher seyn. Hier hat also der Schnee oder das Eis den dem heißen Wasser anhängenden freyen Wärmestoff entzogen, und ist durch seine Mischung mit demselben in flüssiges Wasser übergeführt worden, ohne daß das letztere erwärmt worden ist. Daher können auch zwey Pfund Eis oder Schnee, durch ein Pfund siedendes Wasser nicht vollkommen geschmolzen werden; und ein Geschirr mit Eis oder Schnee das man aufs Feuer setzt, wird nicht eher warm, als bis alles Eis erst geschmolzen ist.

§. 41.

Beweis für den zweyten Satz.

Man gieße dagegen einen Theil eiskaltes Wasser, auf vier Theile gepulverten gebrannten Kalk; der gleichfalls völlig kalt ist, und rühre alles recht wohl unter einander: nach einiger Zeit wird die Masse heißer als siedendes Wasser werden. Hier hat der gebrannte Kalk (vermöge der größern Verwandschaft) den festen Theil des Wassers angezogen, um sich dadurch zu löschen; und der Wärmestoff, welcher vorher diesen festen Theil des Wassers durch seine Mischung damit flüssig erhielt, ist als freye Wärme entwickelt worden. Aus gleichem Grunde erhitzt sich auch Vitriolöl und Wasser, wenn sie zusammen gegossen werden; denn das Vitriolöl verdankt dem Wärmestoff seine Flüssigkeit, es läßt aber einen großen Theil desselben von sich, wenn seine feste saure Grundlage mit dem flüssigen Wasser in Mischung tritt. Daher bringen Schnee und Vitriolöl, wenn sie in angemessenen Verhältnissen zusammen gegossen werden, keine Wärme oder Hitze hervor, aber der Schnee nimmt eine flüssige Form an.

§. 42.

Der Wärmestoff kann also nur in so fern mit einem Körper in wirkliche Mischung treten, insofern derselbe nicht schon mit solchem gemischt oder gesättiget ist; und in diesem Fall ist der Erfolg Kälte: Kälte ist also bloß das Negative der Wärme; einen Kältestoff wie man sonst geglaubt hat, giebt es in der Natur nicht. Wenn dagegen ein Stoff schon mit Wärmestoff gesättiget ist, so kann der letztere keine neue Mischung mit ihm eingehen, sondern kann sich nur damit vermengen, und eine Zeitlang an der Mengung hängen bleiben: dieses ist der Fall wenn kaltes Wasser, oder ein anderer kalter Körper der Wärme genähert wird, sie erwärmen sich nach und nach.

§. 43.

Ein Körper mag indessen mit dem Wärmestoff in wirkliche Mischung oder bloß in Mengung treten, so ist der Erfolg davon stets der einer Ausdehnung. Zufolge jener Verschiedenheit äußert sich aber auch diese Ausdehnung auf eine verschiedene Art. Trat der Wärmestoff in wirkliche Mischung, so besteht die erfolgte Ausdehnung in einer Formumänderung: nemlich der vorher, feste, oder concrete Stoff, nimmt nun eine flüssige Form an. Trat der Wärmestoff hingegen nur in Mengung mit dem Körper, so besteht die dadurch bewirkte Ausdehnung in einer Vergrößerung seines Umfangs der Volums. So wird Eis oder Schnee durch den Beytritt des Wärmestoffes zu liquidem Wasser. Liquides Wasser aber nimt bey der Erwärmung einen größern Raum als vorher ein.

Thermometer. Wärmemesser.

§. 44.

Den Grad der Wärme oder Hitze, welchen ein Körper durch die mengende Mittheilung des freyen Wärmestoffs annimmt, nennt man seine Temperatur. Man bestimmt diese Temperatur, oder die Quantität des Wärmestoffes, welche mit dem Körper in Mengung getreten ist, durch den Grad der Raumausdehnung, welchen ein anderer hineingetauchter Körper zu erkennen giebt; und ein hiezu schicklich eingerichtetes Instrument, wird ein Wärmemesser, Wärmezeiger oder Thermometer genannt. Es besteht gewöhnlich aus einer sehr engen gläsernen Röhre, die am untern Ende mit einer kleinen Kugel versehen, bis auf einen bestimmten Raum mit Quecksilber gefüllet, über diesem luftleer gemacht und zugeschmolzen, und zur Beobachtung der Ausdehnung des Quecksilbers durch die Wärme, so, wie seiner Zusammenziehung in der Kälte, ausserhalb mit einer Skale oder Gradleiter versehen ist. Der Gebrauch eines solchen Thermometers kann in einer wohleingerichteten Gerberey nie wohl entbehrt werden.

§. 45.

Alle jetzt bekannte Thermometer solcher Art, sind bloß durch die willkührliche Abtheilung ihrer Skalen verschieden. In den vorzüglichsten, deren man sich als Hülfsinstrumente bey den Arbeiten der Gerbekunst bedienen kann, gehören das Reaumürsche und das Fahrenheitsche, alle übrige können füglich ganz entbehrt werden.

§. 46.

Zur regelmäßigen Bestimmung der Wärmegrade werden an einem solchen Thermometer allemal zwey feste Punkte unterschieden: der erste ist der, bey welchem Wasser gefriert oder Eis aufthauet, er wird der Gefrierpunkt genannt; der letzte ist der, bey welchem reines Wasser in offnen Geschirren kocht, er wird der Siedepunkt genannt. Zwischen diesen beyden festen Punkten, ist der Raum beym Reaumürschen Thermometer in 80, beym Fahrenheitschen aber in 180 gleiche Theile oder Grade abgetheilt, über und unter welchen mehrere dergleichen Grade für größere Hitze und größere Kälte angebracht seyn können, und angebracht zu seyn pflegen.

§. 47.

Bey der Reaumürschen Skale, welche auch die de Lücsche Skale genannt wird, ist die Skale vom Gefrierpunkte bis zum Siedepunkte des Wassers in 80 gleiche Theile oder Grade zerfället, so daß also Nullgrad den ersten, und 80 Grad den letztern bezeichnet. Bey der Fahrenheitschen Skale ist der Nullpunkt der eines künstlichen Kältegrades, welcher entsteht, wenn Schnee und Salmiak mit einander gemengt werden. Der wahre mit dem Nullgrad am Reaumürschen Thermometer übereinstimmende Gefrierpunkt, ist am Fahrenheitschen Thermometer der 32ste Grad: diese ganze Skale ist daher in 212 Theile zerfället, nemlich von Null bis 212. Da aber von Null bis 32, Grade, von Kälte existiren, welche niedriger sind als gefrierendes Wasser, so muß eigentlich von 32 bis 212 also 180 Grad für die gebräuchliche Fahrenheitsche Skalen gerechnet werden; woraus also folgt, daß jeder Grad der Reaumürschen Skale, $2\frac{1}{4}$ Graden der Fahrenheitschen gleich ist.

§. 48.

Soll ein solches Thermometer gebraucht werden, so bringt man dasselbe an den Ort, oder taucht solches in die Flüssigkeit, deren Temperatur erforscht werden soll; nemlich man bemerkt nun wie tief oder hoch das Quecksilber im Thermometer steht: so sagt man die Temperatur ist 10 Grad, 30 Grad, oder 70 Grad Reaumur, welches gleich seyn wird, mit $54\frac{1}{2}$, $99\frac{1}{2}$ und $189\frac{1}{2}$ Grad der Fahrenheitschen Skale.

§. 49.

Bindung des Wärmestoffs. Vertheilung der Wärme.

Wenn der freye Wärmestoff mit Materien in Berührung tritt, die ihn chemisch anziehen: wie mit Schnee, Eis, ꝛc. so wird er von ihnen gebunden, und alle Wärme geht verlohren: so ist die Temperatur eines Gemenges von gleichen Theilen Schnee und Wasser, wenn die Temperatur des Erstern Nullgrad Reaum. oder 32 Grad Fahrenheit ist, die des letztern aber $56\frac{8}{9}$ Reaum. oder 160 Fahrenheit war, Nullgrad Reaum. und 32 Fahrenheit: Es ist also alle freye Wärme des Wassers vom Eise oder Schnee verschluckt worden, um ihm die liquide Form zu geben, ohne sein Temperament zu erhöhen, und hier hat also eine Bindung des Wärmestoffs statt gefunden.

§. 50.

Wenn dagegen Wasser von Null Grad Fahrenheit, mit gleichviel Wasser von 180 Grad Fahrenheit gemengt wird, so ist die Temperatur des Gemenges 106 Grad: hier hat also das warme Wasser 74 Grad seiner Wärme an das kalte Wasser von 32 Grad abgegeben, und dessen Temperatur ist auf 106 erhoben worden; wogegen das wärmere, dessen Temperatur vorher 180 Grad war, durch die Beraubung von 74 Grad, bis auf 106 Grad erkältet worden ist, diesen Erfolg nennt man Vertheilung der Wärme, denn hier ist kein Wärmestoff verschluckt oder gebunden worden.

§. 51.

Kapacität der Körper für die Wärme

Jene gleichmäßige Vertheilung des Wärmestoffes, findet aber nur dann statt, wenn völlig gleichartige Substanzen bey verschiedenen Temperaturen mit einander gemengt werden. Sind diese aber ungleichartig, z. B. Wasser und Oel, so wie Wasser und Metalle, dann verhält sich alles ganz anders. So bringt ein Pfund Leinöl von 70 Grad Fahrenheit, mit einem Pfunde Wasser von 100 Grad gemengt, eine Temperatur des Gemenges von 90 Grad hervor. Ferner bringt ein Pfund Wasser von 47 Grad, mit einem Pfunde Quecksilber von 110 Grad eine Temperatur des Gemenges von 47 Grad hervor. Im ersten Fall hat also das

Wasser 10 Grad Wärme an das Oel abgegeben, und solches um 20 Grad in der Temperatur erhoben. Im letzten Fall, hat das Quecksilber 63 Grad Wärme verlohren, und diese haben im Wasser nur eine Temperaturerhöhung von 3 Grad zuwege gebracht: woraus also folget, daß die Eigenschaft des Wassers, den ihm adhärirenden freyen Wärmestoff zu verbergen oder gegen das Thermometer unwirksam zu machen, zweymal größer als die des Oels, und 21 mal größer als die des Quecksilbers ist. Diesen Erfolg nennt man Kapacität der Körper für die Wärme, oder ihre Fähigkeit adhärirende Wärme verborgen und unwirksam zu machen.

§. 52.

Leitungsfähigkeit der Körper für die Wärme.

Auf die Kapacität der Körper für die Wärme, gründet sich auch ihre Fähigkeit, der Wärme einen bald schnelleren bald langsameren Durchzug, durch ihre Zwischenräume zu gestatten oder sie fortzuleiten. Daher werden Wolle, Stroh, Holz, Stein, und Metalle, nicht in gleicher Zeit heiß, wenn solche einerley Grad von Hitze ausgesetzt werden, und sie erkälten auch nicht mit gleicher Geschwindigkeit. Diejenigen, welche der Hitze am schnellsten den Durchgang gestatten werden starke, die, welche ihr einen langsamern Durchgang gestatten, werden schwache Leiter für die Wärme genannt.

§. 53

Verflüchtigung der Körper durch die Wärme.

Diejenigen Substanzen, welche man den Einwirkungen des freyern Wärmestoffes in Gefäßen ausgesetzt, werden dadurch entweder liquide, oder sie werden in Dämpfen verflüchtiget. Im ersten Fall nennt man den Erfolg das Schmelzen, im letztern wird er die Verflüchtigung oder Verdünstung genannt.

§ 54

So schmelzen die Metalle im Feuer; Schwefel, Salmiak und andere Materien, werden dann in Dämpfen verflüchtiget, Wasser geht in Dämpfe über ꝛc. Hierauf gründen sich verschiedene Operationen der Chemie: das Schmelzen, die Destillation, die Sublimation, die Abdünstung, welche bey ihrer speciellern Anwendung fernerhin näher beschrieben werden sollen.

Von dem Lichtstoffe.

§. 55

Das Licht, als Ursache der Helligkeit betrachtet, ist kein einfaches Wesen, sondern ein Produkt der innigsten Mischung aus Wärmestoff und einem eigenen Elemente, welches Lichtstoff genannt wird. Lichtstoff und Licht dürfen daher nicht mit einander verwechselt werden, sie sind wie Ursache und Wirkung von einander verschieden.

§. 56.

Der Lichtstoff, als lichterzeugendes Element, ist für sich nicht leuchtend, sondern erhält diese Eigenschaft erst durch den Beytritt des Wärmestoffes. Der Lichtstoff liegt zwar in der Natur und ihren Erzeugnissen überaus reichlich verbreitet, er macht einen steten Mischungstheil in allen organiganischen Körpern überhaupt, so wie auch in allen denjenigen nichtorganischen Körpern aus, welche verbrennlich sind: er kann aber, eben so wenig als irgend ein andres Element, für sich dargestellt werden, sondern sein Daseyn läßt sich nur aus den eignen Produkten seiner Mischung mit andern Elementen, erkennen und beurtheilen.

§. 57.

Als Gegenstand der praktischen Gerbekunst kommt der Lichtstoff eben nicht sonderlich in Betrachtung; als Gegenstand der theoretischen Gerbekunst, kann dessen Kenntniß aber nicht entbehrt werden, weil er zu den bildenden Bestandtheilen aller derjenigen Substanzen und Materialien gehört, die der Gerbekunst vorzüglich unterworfen sind: daher auch weiterhin, von seiner Kenntniß oft Anwendung gemacht werden soll.

Von dem Sauerstoffe.

§. 58.

Mit dem Namen Sauerstoff (auch Säurestoff und Oxygène), bezeichnet man ein eigenes in der Natur und ihren Erzeugnissen sehr allgemein verbreitetes Element, dessen Hauptkarakter vorzüglich darin bestehet, daß solches durch seine Mischung mit einigen andern Elementen, diese in den Zustand der sauern Salze oder Säuren überführt.

§. 59.

Auch der Sauerstoff ist für sich nicht darstellbar, und sein Daseyn kann daher nur aus seinen Wirkungen, in den Produkten seiner Mischung mit andern Elementen, erkannt und beurtheilt werden: sie sind aber hinreichend, uns seine Eigenthümlichkeit und sein Daseyn nicht verkennen zu lassen.

§. 60.

Sauerstoff-Gas.

Wenn der Sauerstoff mit dem Wärmestoff in chemische Mischung tritt, so wird derselbe dadurch in einen luftförmigen Zustand ausgedehnt, und das Produkt dieser luftförmigen Mischung wird nun Sauerstoffgas genannt.

Anmerkung. Mit dem Namen Gas bezeichnet man in der Chemie überhaupt jede von der atmosphärischen Luft verschieden geartete luftförmige Flüssigkeit, die durch die Mischung des Wärmestoffes, als ausdehnendem Mittel, mit irgend einer ausdehnbaren oder gasfähigen Basis, gebildet worden ist: die Namen Gas und Luft, sind also völlig gleich bedeutend.

§. 61.

Das Sauerstoffgas macht einen steten und wesentlichen Gemengtheil der atmosphärischen Luft aus, von welchem ihre hauptsächlichsten Wirkungen, nemlich die Fähigkeit Verbrennung und Respiration organischer Körper zu unterhalten, allein abhängig sind. In der atmosphärischen Luft ist das Sauerstoffgas im Verhältniß zu 27, mit 73 Procent Salpeterstoffgas, zuweilen auch sehr wenig kohlensaurem Gas, gemengt.

§. 62.

Diejenigen Substanzen, welche die Eigenschaft besitzen, das Sauerstoffgas zu entmischen, den Sauerstoff daraus zu binden, und den Wärmestoff zu entwickeln, werden oxydirbare oder auch verbrennliche Körper genannt. Ist der Erfolg einer solchen Entmischung des Sauerstoffgases durch ein säurefähiges Substrat bloß mit Entwickelung von Wärme begleitet, dann wird selbiger eine Oxydation, ist er aber mit der Entwickelung von Licht und Wärme zugleich begleitet, dann wird selbiger eine Verbrennung genannt. In beiden Fällen ist die Entwickelung der Wärme eine Folge der vorgegangenen Entmischung des Sauerstoffgases; und dessen Daseyn in der atmosphärischen Luft, ist also als die Quelle der Hitze oder Wärme anzusehen, von welcher jede Verbrennung begleitet zu seyn pflegt.

§. 63.

Jede wahre Verbrennung, welche mit der Entwickelung von Licht und Wärme begleitet ist, muß als der Erfolg einer wechselseitigen chemischen Affinität (§. 30.) zwischen den Elementen der in Wirkung tretenden Stoffe angesehen werden. Verbrennt man Kohle in reinem Sauerstoffgas, oder in atmospährischer Luft: so ist solche aus Kohlenstoff und Lichtstoff, das Sauerstoffgas aber aus Sauerstoff und Wärmestoff zusammengesetzt, und sie zerlegen sich wechselseitig: nemlich der Kohlenstoff tritt mit dem Sauerstoff in Mischung und erzeugt Kohlensäure; der Lichtstoff tritt hingegen mit dem

Wärmestoff in Mischung, und erzeugt Licht, das mit dem noch übrigen freyen Wärmestoff gemengt, das Phänomen des Feuers bildet: hier erfolgen also zwey Entmischungen und zwey neue Mischungen.

§. 64.

Jedes Element, oder auch jeder schon gemischte Stoff, welcher in Verbindung mit dem Sauerstoff ein saures Salz produzirt, wird ein säurefähiges Substrat oder eine säurefähige Basis genannt. In der Verbindung mit einem solchen Substrat verliert daher der Sauerstoff seine vorigen Eigenschaften, und bildet damit eine Säure; oder wenn das Substrat kein säurefähiges war, ein andres Produkt; daher finden wir den Sauerstoff in einem gebundenen Zustande so reichlich: 1) in allen sauern Salzen; 2) in den von ihnen abhängigen Neutral- und Mittelsalzen; 3) in den Metalloxyden; 4) im Wasser ꝛc. und sind geschickt diese den Sauerstoff daraus gasförmig zu entwickeln, oder ihn an andre Stoffe zu übertragen.

§. 65.

Das Sauerstoffgas (dessen reine Darstellung weiterhin gelehrt werden soll), zeichnet sich in seinen Eigenschaften, so wie den davon abhängenden Wirkungen, sowohl von der atmosphärischen Luft, als von allen andern wahren Gasarten ganz vorzüglich aus. Es ist gleich der reinen atmosphärischer Luft völlig durchsichtig, so wie geruch und = geschmacklos; mit reinem Wasser nur sehr schwer mischbar; alle entzündliche Körper (vorzüglich Kohle,

Phosphor, Schwefel ꝛc.) verbrennen darin mit einer weit größern Schnelligkeit, und einem lebhaftern Lichte als in der atmosphärischen Luft. Solche die in jener bloß glimmen (z. B. Feuerschwamm, Stahl und Eisen) verbrennen darin mit lebhaftem Glanze.

§. 66.

Aber nicht immer ist die Zerlegung des Sauerstoffgases mit einer lebhaften Verbrennung begleitet; viele organische Substanzen des Thier- und Pflanzenreichs, saugen in ihrem frischen Zustande auch den Sauerstoff aus der atmosphärischen Luft so wie aus dem Wasser ein, ohne zu brennen, obschon diese Einsaugung stets mit Entwicklung von freyer Wärme begleitet zu seyn pflegt; und die Veränderungen ihrer Grundmischung, welche sie dadurch erleiden, sind sehr bedeutend.

§. 67.

Eine solche Wirkung des Sauerstoffes findet auch bey den Operationen und Produkten der Gerberey sehr häufig statt; dahin gehören folgende Erscheinungen:

a) das Erhitzen frischer übereinander gehäufter Thierhäute, wobey der Sauerstoff aus der ihnen inhärirenden Feuchtigkeit angezogen, das Wasser entmischet, und der vorher, als flüssigmachende Ursache, daran gebundene Wärmestoff in Freiheit gesetzt wird.

b) Das Fleckigtwerden der gerbenden Thierhäute, wenn einzelne Stellen derselben mit der atmosphärischen Luft in Berührung stehen: weil der Sauerstoff den letztern von ihnen einsaugt, und eine Farbenumänderung dadurch veranlasset wird.

c) Die Zerlegung und Verderbniß der Eichenlohe und Lohbrühe, wenn sie sehr lange der einwirkenden Luft ausgesetzt werden; weil hier der Sauerstoff der Luft, durch den Gerbestoff der Brühe oder Lohe eingesaugt, und derselbe dadurch im Wasser unauflöslich gemacht und zerstört wird.

§. 68.

Diese und viele andere Wirkungen, welche der Sauerstoff zu veranlassen geschickt ist, machen daher seine genauere Kenntniß in der Ledergerberey unumgänglich nothwendig, weil man außerdem nie vermögend seyn würde, die Ursachen vieler in der Ledergerberey vorkommender Erscheinungen anzugeben und zu entwickeln, die allein vom Sauerstoff abhängig sind; wie solches am gehörigen Orte näher erörtert und erläutert werden soll.

Von dem Kohlenstoffe.

Mit dem Namen Kohlenstoff bezeichnet man ein eigenthümliches Element, welches einen absoluten Mischungstheil aller organischen, aber auch einiger unorganischen Substanz, ausmachet, und wovon in jeder Kohle, welche nach der Ausbratung organischer Substanzen, in verschlossenen Gefäßen übrig bleibt, die schwarze Farbe abhängig ist.

§. 70.

Der reine Kohlenstoff als Element betrachtet, ist indessen, so wenig als irgend ein andres Element, für sich darstellbar, sondern wir müssen auch dieses Element aus den eigenthümlichen Produkten seiner Mischung mit andern Elementen erkennen und beurtheilen: So bildet der Kohlenstoff, mit Lichtstoff und wenigem Sauerstoff gemischt, die schwarze Farbe der Kohle; frey vom Lichtstoff, aber mit Sauerstoff und Wärmestoff verbunden, bildet selbiger kohlenstoffsaure Gas u. s. w.

Anmerkung. Selbst der Diamant, der kostbarste aller Edelsteine, enthält den Kohlenstoff als bildendes Element. Vielleicht ist er in selbigem bloß mit reinem Lichtstoff gemischet.

§. 71.

Als Mischungstheil aller organischen Körper, so wie ihrer einzelnen Gemengtheile, betrachtet, und als ein Element, das sowohl verbrennlich als säurefähig ist, macht der Kohlenstoff ein in den allermeisten Gegenständen der Ledergerberey überaus wichtiges Wesen aus, ohne dessen Erkenntniß viele Wirkungen, so wie die davon abhängigen Erscheinungen, auf keinen Fall richtig erkannt und beurtheilt werden könnten, wie solches die fernern Erläuterungen hinreichend nachweisen werden.

Von dem Wasserstoffe.

§. 72.

Mit dem Namen Wasserstoff wird in der Chemie ein eigenthümliches verbrennliches, aber nicht säurefähiges, Element bezeichnet, welches in den organischen

Produkten der Natur überaus reichlich verbreitet ist, und sich vor allen übrigen Elementen dadurch karaktrisirt, daß es in einem Verhältniß von 15 zu 85 mit Sauerstoff gemischt, das reinste Wasser bildet.

§. 73.

Auch der Wasserstoff, als Element betrachtet, ist für sich nicht darstellbar, und muß aus den Produkten seiner Mischung mit andern Elementen seinem Daseyn nach erkannt werden; diese sind aber so bestimmt und ausgezeichnet, daß dessen Daseyn in ihnen nie verkannt werden kann.

§. 74.

Am reinsten erkennen wir den Wasserstoff, in einem Verhältniß wie 15 zu 85 mit Sauerstoff gemischt, im reinsten festen Wasser oder Eis; im liquiden Wasser ist derselbe hingegen schon auch noch mit Wärmestoff verbunden, welcher dem Wasser die liquide Form ertheilt.

§. 75.

Weniger rein findet sich der Wasserstoff im Wasserstoffgas: so nennt man das gasförmige Produkt seiner Mischung mit dem Licht- und Wärmestoff. Mit Lichtstoff, Wärmestoff und Kohlenstoff in bestimmten quantitativen Verhältnissen gemischt, bildet selbiger die Oele, und eine große Anzahl andere Gemengtheile der organischen Substanzen.

§. 75.

Der Wasserstoff wird aus seinen Verbindungen entwickelt und in Freiheit gesetzt, wenn solche entweder mit andern Materien in Berührung kommen, die mit seinem bindenden Stoffe in größerer Affinität stehen; oder, wenn es organische Substanzen sind, indem sie sich im feuchten Zustande selbst überlassen werden: er geht alsdenn gemeiniglich, theils bloß mit Wärmestoff verbunden als Wasserstoffgas, theils zugleich mit andern Elementen vereinigt, in einem mehr gemischten Zustande gasförmig hinweg.

§. 77.

Das Erstere ist der Fall, wenn bis zum Sieden erhitztes Wasser, mit glühender Kohle, oder mit glühendem Eisen in Berührung tritt: das Wasser setzt hiebey seinen Sauerstoff an jene Materien ab, und der Wasserstoff wird gasförmig als Wasserstoffgas entwickelt. Das Zweyte ist der Fall, wenn animalische oder vegetabilische Substanzen im feuchten Zustande sich selbst überlassen werden: sie gehen in Gährung und Fäulniß; und im letzten Fall wird der Wasserstoff theils in Verbindung mit Salpeterstoff, als Ammonium, theils in Verbindung mit Schwefel- und Phosphorstoff, als stinkende Gasarten, entbunden: daher der unerträgliche Gestank, mit welchem thierische Häute in Fäulniß gehen.

Wasserstoffgas.

§. 78.

Das reine Wasserstoffgas ist ein Produkt der Mischung aus Wasserstoff, Wärmestoff und Lichtstoff.

Es wird in allen denjenigen Fällen erzeugt und ausgeschieden, wo jene Elemente miteinander in Mischung treten; dahin gehören vorzüglich: 1) die Einwirkung des Wassers auf Eisen und einige andere Metalle; 2) die Einwirkung desselben auf glühende Kohlen oder auch andre den Kohlenstoff enthaltende, organische Materien; 3) die Auflösung der Metalle, in den mit Wasser verdünnten Säuren oder sauren Salzen, mit Ausnahme der Salpersäure.

§. 79.

Läßt man z. B. die Dämpfe des siedenden Wassers, in einer eisernen oder kupfernen Röhre, über glühenden Eisendraht hinstreichen, so entwickelt sich Wasserstoffgas (das in vorher mit Wasser gefüllten Flaschen aufgefangen werden kann), und das Eisen bleibt in der Röhre oxydirt (mit Hammerschlag belegt) zurück. Hier hat also eine Wechselwirkung zwischen den Elementen des Eisens und des Wassers statt gefunden. Das Eisen war aus Eisenstoff und Lichtstoff, das Wasser hingegen, aus Wasserstoff und Sauerstoff zusammengesetzt. In der angewendeten hohen Temperatur, trat der Sauerstoff mit dem Eisenstoff in Mischung, und erzeugte Eisenoxyd, wogegen der Lichtstoff des Eisens, in Verbindung mit dem Wasserstoff, die Grundlage des Wasserstoffgases bildete, die nun durch den Beytritt von einem Theil Wärmestoff, zum Wasserstoffgas ausgedehnt wurde. Das Wasserstoffgas ist also aus Wasserstoff, Lichtstoff, und Wärmestoff zusammengesetzt.

§. 80.

So ist es eine bekannte Erfahrung, daß wenn glimmende Kohlen mit Wasser benetzt werden, sie sogleich eine blaue Flamme von sich geben, welche brennendes Wasserstoffgas ist: denn der schwarzfarbene Theil, als verbrennliches Prinzipium der Kohle, ist aus dem Kohlenstoff und Lichtstoff zusammengesetzt. Das Wasser giebt hier seinen Sauerstoff an den Kohlenstoff ab, der damit als kohlenstoffsaures Gas entweicht; der Wasserstoff hingegen, verbindet sich mit dem Lichtstoff nebst Wärmestoff, und entweicht als Wasserstoffgas, das hier entzündet wird. Läßt man daher Wasserdämpfe in einer kupfernen Röhre über glühende Kohlen streichen, so entwickelt sich ein Gemenge von Wasserstoffgas und kohlenstoffsaurem Gas, und die Kohle ist verschwunden.

§. 81.

Das reine Wasserstoffgas zeichnet sich in seinen Eigenschaften von jeder andern luft- oder gasförmigen Flüssigkeit wesentlich aus. Es ist farbenlos, nicht mit Wasser mischbar, für sich unentzündlich, brennt aber in Vermengung mit Sauerstoffgas, oder auch bloß atmosphärischer Luft, mit Explosion; es ist 10 bis 13 mal leichter als atmosphärische Luft, und zeichnet sich nur dann durch einen dem abgeschossenen Schießpulver ähnlichen Geruch aus, wenn es nicht frey von fremdartigen Beymischungen ist.

§. 82.

Die leichteste Art sich Wasserstoffgas zu verschaffen, bestehet darin, daß man einen Theil Vitriolöl mit acht Theilen Wasser verdünnt, dann diese Flüssigkeit in eine gläserne Flasche auf etwas Eisen oder Zinkmetall gießt, und ihre Oeffnung mit einem Korkstöpsel verstopft der durchbohrt ist, und durch den eine wie diese Figur gebogne Glasröhre mit ihrem einen gebognen Ende luftdicht befestigt ist. Man hängt dann die zweite Oeffnung dieser Röhre in ein Becken mit Wasser; das Gas wird nun in die mit Wasser gefüllten gläsernen Flaschen, welche man umgekehrt hält, und mit ihrer Oeffnung auf die im Wasser befindliche Röhre stürzt, emporsteigen, das Wasser aus den Flaschen verdrängen, und nun seinen Raum einnehmen. Man verstopft die Flasche unterm Wasser, wenn dieses noch einen Zollhoch im Halse derselben steht, und sie ist nun mit Wasserstoffgas gefüllt.

§. 83.

Sowohl der Wasserstoff als das Wasserstoffgas kommen bey den Gegenständen der Gerberey, und den damit verbundenen Operationen, stets sehr häufig vor; man würde ohne Kenntniß dieser Materien, die davon abhängenden Erfolge nicht gehörig beurtheilen können, ihre Kenntniß ist also in der rationellen Gerbekunst unumgänglich nothwendig, und dies ist der Grund, warum sie hier abgehandelt werden mußten.

Von dem Salpeterstoff.

§. 84.

Salpeterstoff auch Stickstoff wird ein eigenthümliches Element der Körperwelt genannt, welches die Eigenschaft besitzt, in neutraler Mischung mit dem Sauerstoffe, diejenige Säure zu erzeugen, welche Salpetersäure, (Scheidewasser) genannt wird.

§. 85.

Auch der Salpeterstoff ist für sich nicht rein darstellbar: er muß also aus den Produkten seiner Mischung mit andern Elementen erkannt werden. So findet der Salpeterstoff sich in einem Verhältniß wie 1 zu 4 mit Sauerstoff gemischt, in der reinen Salpetersäure; mit dem Wasserstoff gemischt, bildet selbiger ein eignes alkalisches Salz, das Ammonium; mit Schwefelstoff gemischt, eine wie faule Eyer riechende Substanz.

Salpeterstoffgas.

§. 86.

Am reinsten erkennen wir den Salpeterstoff in seiner Mischung mit dem Wärmestoff. Er wird dadurch zur gasförmigen Flüssigkeit ausgedehnt, und diese wird Salpeterstoffgas oder auch Stickgas genannt.

§. 87.

Das Salpeterstoffgas macht einen steten Gemengtheil der atmospärischen Luft aus, es ist darin (dem Umfang nach) in einem Verhältniß von 73 zu 27 mit Sauerstoffgas gemengt, und bleibt rein zurück, wenn das Sauerstoffgas auf einem schicklichen Wege hinweg gezogen wird.

§. 88.

Um die atmosphärische Luft zu entmischen, und das Salpeterstoffgas daraus rein abzuscheiden, darf man nur in eine auf Wasser schwimmende Theetasse ein Stückchen Phosphor legen, diesen anzünden, und die Tasse mit einer gläsernen Glocke bedecken, die mit atmosphärischer Luft gefüllt ist, und die Verbrennung des Phosphors ruhig abwarten. Das Wasser wird sich zum Theil in der Klocke erheben, der Phosphor wird mit lebhaftem Lichte verbrennen, und nach geendigter Verbrennung wird die übrige in der Klocke enthaltene Luft, Salpeterstoffgas seyn. Hier hat also das Sauerstoffgas der atmosphärischen Luft, seinen Sauerstoff an den Phosphor abgegeben, und ihn in Säure umgeändert, wogegen das Salpeterstoffgas rein übrig geblieben ist.

§. 89.

Alle andere Materien, außer dem Phosphor, welche das Vermögen besitzen, das Sauerstoffgas einzusaugen, üben eine gleiche zerlegende Wirkung auf die atmosphärische Luft aus, und scheiden das Salpeterstoffgas daraus ab. Dies ist der Fall, wenn Metalle darin geglühet werden, wenn erdige Körper darin brennen, wenn thierische Substanzen darin faulen rc.

§. 90.

Das Salpeterstoffgas ist in seinem reinen Zustande farbenlos, geruchlos, unentzündlich, nicht mit Wasser mischbar. Wird es aber mit Sauerstoffgas gemengt, und verstärkte Electricitat zu diesem Gemenge geleitet, dann gehen beyde Theile verlohren, und es wird Salpetersäure erzeugt.

§. 91.

Mit Lichtstoff, Kohlenstoff, Wasserstoff, Schwefelstoff und Phosphorstoff gemischt, ist der Salpeterstoff auch in andern vegetabilischen Substanzen gegenwärtig, und er übt bey ihren von selbst erfolgenden Veränderungen, vorzüglich der Fäulniß, manche wichtige Rolle aus.

Von dem Schwefelstoff.

§. 92.

Der allgemein bekannte Schwefel, in seinem reinsten Zustande, ist ein Produkt der natürlichen Mischung aus Lichtstoff und einem andern eigenthümlichen Element, das Schwefelstoff genannt wird, und so wenig als eines der übrigen Elemente für sich dargestellt werden kann, dessen Daseyn also gleichfalls aus den Produkten seiner Mischung mit andern Elementen erkannt und beurtheilt werden muß.

§. 93.

Wird der Schwefel bey einer hinreichend hohen Temperatur mit Sauerstoffgas in Berührung gebracht, so entzündet sich derselbe, und brennt dann mit einer violetten Flamme, die nachher einen weißen Dampf zurückläßt, der zu Tropfen zusammenfließt, welche eine eigne Säure darstellen, die Schwefelsäure genannt wird. Hier haben der Schwefel und das Sauerstoffgas ihre bildenden Elemente vertauscht; der Schwefelstoff ist mit dem Sauerstoff in Mischung getreten, und hat Schwefelsäure erzeugt, wogegen der Lichtstoff mit dem Wärmestoff verbunden, das Licht gebildet haben, das mit einem Theil des Schwefeldampfes gemengt, die violette Flamme erzeugt.

§. 94.

Der Schwefelstoff macht also ein eigenthümliches säurefähiges Element aus, das wir daher auch in der Schwefelsäure (dem Vitriolöl), stets mit Sauerstoff und Wärmestoff gemischt, vorhanden finden. Aber der Schwefelstoff geht auch mit andern Elementen eigne Mischungen ein: so erzeugt derselbe in Verbindung mit dem Wasserstoff eine saure Substanz, die wie faule Eyer riecht, und Hydrothionsäure genannt wird; ein etwas verschiedenes Produkt bildet derselbe in Mischung mit dem Salpeterstoff; der Gestank, welchen faulende thierische Substanzen ausdünsten, ist gleichfalls eine Folge seines Daseyns. Der Schwefelstoff macht einen Mischungstheil aller animalischen Körper überhaupt, und auch vieler vegetabilischen aus, und seine Natur kann daher in der rationellen Gerbekunst nicht unbekannt bleiben.

Von dem Phosphorstoffe.

§. 95.

Mit dem Namen Phosphor wird eine besonders geartete entzündliche Substanz belegt, welche man gewinnt, wenn bis zur Trockne eingedickter menschlicher Urin, oder auch Käse, mit Kohlenpulver gemengt, einer Destillation ohne

Zusatz

Zusatz einer Flüssigkeit unterworfen wird. Seine bildenden Elemente bestehen im Lichtstoff und einem andern, welches Phosphorstoff genannt wird.

§. 96.

Der Phosphorstoff liegt in den Produkten des Weltraums, und zwar vorzüglich denen des Thierreichs, überaus reichlich verbreitet; er ist aber, gleich den übrigen Elementen stets schon gemischt, und kann für sich nie dargestellt werden: wir müssen uns also begnügen, auch ihn nur aus den Resultaten seiner Mischung mit andern Elementen zu erkennen und zu beurtheilen.

§. 97.

In neutralischer Mischung mit dem Lichtstoff, erzeugt der Phosphorstoff den Phosphor selbst, eine weißgelbe, zähe, schweißartigriechende, im Wasser unauflösliche Substanz, die in der Wärme flüchtig ist, in Berührung mit der Luft im dunkeln leuchtet, bey einer Temperatur von 25 — 30 Grad Reaumür sich von selbst entzündet, mit lebhaftem Glanze brennt, und dabey in Phosphorsäure übergeführt wird.

§. 98.

Tritt der Phosphor mit dem Wasserstoff in Mischung, so wird Phosphorwasserstoff erzeugt: eine besonders geartete Substanz, die wie faule Fische riecht, durch den Beytritt vom Wärmestoff gern gasförmig ausgedehnt wird, und ein Gas, (Phosphorwasserstoffgas) bildet, das bey Berührung mit atmosphärischer Luft sich von selbst entzündet, und mit lebhaftem Glanze brennt.

§. 99.

Ein solches Phosphorwasserstoffgas (dessen bildende Elemente in Phosphorstoff, Lichtstoff, Wasserstoff und Wärmestoff bestehen) entwickelt sich fast aus allen faulenden und verwesenden animalischen Substanzen, vorzüglich den Seefischen, den Krebsen ꝛc. Daher die Erscheinungen der sogenannten Irrlichter an sumpfigten Oertern, wo thierische Substanzen faulen; das Leuchten der faulen Seefische, die im Sommer sich oft ereignenden leuchtenden Phänomene auf Gottesäkern, Hochgerichten, Schindangern ꝛc. die oft zu manchen abergläubischen Erklärungen Anlaß gegeben haben.

Alkalischsalzige Elemente.

§. 100

Wenn feste Holzarten oder auch andre Pflanzen bis zur vollkommnen Asche verbrannt werden, so besitzt diese einen eignen scharfen Geschmack; reines Wasser nimmt daraus ein salziges Wesen in sich, das durchs Verdampfen in trockener Form dargestellt werden kann, und nun, ausser seinem eignen scharfen Geschmack, die Eigenschaft besitzt, gelbes Kurkumepapier braun, und rothes Fernambukpapier violet zu färben, sauren Salzen ihre sauren Eigenschaften zu rauben, und damit ganz eigenthümliche Salzverbindungen zu erzeugen, welche Neutralsalze genannt werden. Es besitzt ferner die Fähigkeit Fett, Wachs und Harze aufzulösen, und solche in Seife umzuändern, so wie dasselbe den Schwefel aufnimmt und ihn mit Wasser mischbar macht. Ein solches Salzwesen wird Alkali genannt, und muß, da solches noch nicht in sinnlich wahrnehmbare heterogene Mischungstheile hat zergliedert werden können, als elementarisch angesehen werden.

§. 101.

Von den alkalisch salzigen Elementen sind uns nur zwey specifisch verschiedene Arten bekannt, wovon das Eine Kali, das andre aber Natrum genannt wird. Sie kommen beyde in den oben erwähnten allgemeinen Kennzeichen mit einander überein, sind aber durch die differenten Neutralsalze, welche sie in Verbindung mit sauren Salzen bilden, wesentlich verschieden. Wir kennen noch ein drittes ähnliches Salz, welches Ammonium genannt wird. Dieses ist aber ein Produkt der innigsten Mischung aus Salpeterstoff und Wasserstoff, und kann daher nicht als Element betrachtet werden: es soll indessen, wegen der Analogie seiner Eigenschaften mit den vorhergehenden, und weil solches keiner andern Klasse von Elementen wohl untergeordnet werden kann, jenen hier angehängt werden.

Vom Kali.

§. 102.

Das Kali (welches auch Pflanzenalkali und Pflanzen-Laugensalz genannt wird), zeichnet sich, in seinem völlig reinen Zustande, durch eine weiße Farbe, eine äußerst große Aezbarkeit und durch Neigung zum Zerfließen an der feuchten Luft aus. Seine karakteristischen Merkmale bestehen aber in den eigenthümlichen Neutralsalzen, welche solches in der neutralen oder gesättigten Mischung mit sauren Salzen producirt.

§. 103.

Das Kali kommt indessen nie rein in der Natur vor, sondern erscheint stets zum Theil mit Kohlenstoffsäure verbunden, die ihm einen großen Theil seiner sonstigen Schärfe und Aetzbarkeit entziehet. In einem solchen Zustande wird jene Substanz mildes Kali genannt, und macht den vorzüglichsten reichhaltigsten und wirksamsten Gemengtheil der gewöhnlichen Pottasche aus; die daher als ein unreines oder mit andern Salzen und auch erdigen Theilen gemengtes mildes Kali betrachtet werden muß, und deren Gehalt an Kohlenstoffsäure sich dadurch zu erkennen giebt, daß sie von sauren Salze mit Brausen aufgelöst wird.

§. 104.

Wenn hingegen der in reinem Wasser gemachten Auflösung der Pottasche, frisch gebrannter Kalk zugesetzt wird, welcher in diesem Zustande reine Kalkerde ist, so nimmt diese, vermöge der größeren chemischen Anziehung, die Kohlenstoffsäure in sich, und läßt das Kali im reinen Zustande aufgelöst zurück. Dieses ist nun überaus scharf und ätzend, und vermischt sich nun mit sauren Salzen unter Erwärmung, ohne im mindesten damit zu brausen. Es wird in diesem Zustande Aetzlauge, oder kaustische Kalilauge, oder auch Seifensiederlauge genannt. Wird sie zur Syrupsdicke verdunstet, und die Flüssigkeit der Frostkälte ausgesetzt, so schießt das ätzende Kali daraus in ziemlich großen Kristallen an; die aber in fest verschlossenen gläsernen Gefäßen aufbewahrt werden müssen, weil sie sonst wieder Kohlenstoffsäure und Wäßrigkeit aus dem Dunstkreise anziehen, und zerfließen.

§. 105.

Das Kali macht einen Mischungstheil in allen Pflanzen aus. Es liegt aber darin an saure Salze gebunden, and kann daher seinen eigenthümlichen Wirkungen nach nicht erkannt werden. Werden aber dergleichen Pflanzen zur Asche verbrannt, so werden diese Säuren zerstöhrt, und das Kali bleibt, bloß mit etwas Kohlenstoffsäure und erdigen nebst einigen unzerstöhrten neutralsalzigen Theile gemengt, als Asche zurück. Wird diese Asche mit Wasser ausgelaugt, die Lauge zur Trockne abgedünstet, und das erhaltene braune trockne Salz dann bis zur Farbenlosigkeit geglühet (kalzinirt), so wird der Rückstand Pottasche genannt.

Vom Natrum.

§. 106.

Das Zweyte von den alkalischsalzigen Elementen wird Natrum (auch Mineralalkali und mineralisches Laugensalz) genannt. Das Natrum kommt, wenn es völlig rein ist, in seinen allgemeinen Eigenschaften eines alkalischen Salzes, mit dem Kali vollkommen überein; es ist aber, durch seine weit geringere Verwandschaft zu den sauren Salzen, und durch die eigenthümlichen Neutralsalze, welche solches in Verbindung mit sauern Salzen producirt, wesentlich von jenem verschieden.

§. 107.

Das Natrum kommt so wenig wie das Kali rein, sondern so wie jenes, stets mit andern, vorzüglich sauern Theilen gemischt in der Natur vor. So findet selbiges sich in Aegypten, Persien und Ungarn, in einem mit Kohlenstoffsäure zum Theil neutralisirten Zustande, als mildes Natrum aus der Erde hervorwitternd; an Salzsäure gebunden, macht solches den alkalischen Bestandtheil im Küchensalze, Meer- und Steinsalze; an Schwefelsäure gebunden, den im Glauberschen Salze aus. Auch die Pflanzen enthalten solches, wenn sie im Meere, am Ufer des Meeres, oder sonst auf einem mit Kochsalz durchdrungnen Boden gewachsen sind. Sie liefern dann nach dem Verbrennen eine feste zusammengesinterte Asche von schwarzgrauer Farbe, welche Soda genannt wird, und außer dem Natrum noch viele erdige und fremde neutralsalzige Theile, nebst mehr oder weniger Schwefel und Kohle eingemengt enthält. Die Soda ist also ein unreines Natrum, welches sich vom reinen, so wie die Pottasche vom Kali unterscheidet.

§. 108.

So lange das Natrum mild ist, nemlich zum Theil mit Kohlenstoffsäure neutralisirt, ist sein Geschmack nur näßig scharf, und es schießt aus seiner mit Wasser gemachten Auflösung in großen Kristallen an, die geschobene Würfel bilden, an der Luft nicht zerfließen, wohl aber mit Verlust von 55 bis 60 Procent ihres Kristallwassers in ein weißes Pulver zerfallen: welches nun zerfallnes, verwittertes, oder auch kalzinirtes Natrum genannt wird. Wenn hingegen dem milden Natrum seine Kohlenstoffsäure durch gebranten Kalk entzogen wird, so geht solches in einen reinen und davon abhängenden ätzenden Zustand über, und wird nun ätzendes Natrum genannt.

Vom Amonium.

§. 109.

Das Ammonium besitzt alle Eigenschaften eines wahren alkalischen Salzes, es ist aber seiner Natur nach ein Produkt der chemischen Mischung aus Salpeterstoff und Wasserstoff, und ihm kann daher das Prädikat: Element in keinem Fall beygelegt werden. In seinem allgemeinen Karakter eines alkalischen Salzes, kommt das Ammonium mit dem Kali und Natrum völlig überein: es unterscheidet sich aber wesentlich dadurch von Jenen, daß es im reinen Zustande nur gasförmig (als Ammoniumgas) existirt, daß es einen durchdringenden flüchtigen Geruch besitzt, daß es in Verbindung mit den meisten sauern Salzen, Neutralsalze darbietet, welche sich in der Hitze verflüchtigen lassen. Aus dem Grunde wird das Ammonium gewöhnlich auch flüchtiges Alkali genannt, und durch diese Benennung von den vorigen, welche feuerbeständige Alkalien genannt werden, ausdrücklich unterschieden.

§. 110.

Das Ammonium macht einen Mischungstheil in vielen Produkten aller Naturreiche aus; am reichlichsten trifft man solches aber in denen des Thierreichs an, obschon dasselbe während derjenigen Behandlung, die man zu seiner Ausscheidung anwendet, (die Fäulniß und trockne Destillation), oft erst aus seinen bildenden Mischungstheilen erzeugt wird.

§. 111.

Man gewinnt das Ammonium auf verschiedenen Wegen, und aus verschiedenen Substanzen. Dahin gehören: 1) der faule vorzüglich menschliche Urin, dessen flüchtiger Geruch allein von dem sich daraus entwickelnden Ammonium abhängig ist. 2) Aus faulendem Blute und andern faulenden animalischen Feuchtigkeiten. 3) Aus thirischen Häuten, Sehnen, und andern weichen und fleischichten Theilen, wenn sie vorher in Fäulniß gegangen sind. 4) Aus Knochen, Hörnern, Klauen, Wolle, Haaren: aus den drey ersten, wenn sie einer gewöhnlichen, aus den letztern aber, wenn sie einer trockenen Destillation unterworfen werden.

§. 112.

Ob und in wiefern das Ammonium, bey den mannigfaltigen Fällen seiner Gewinnung, immer bloß ausgeschieden, oder aus seinen beiden Mischungstheilen erst erzeugt wird, ist noch nicht genau ausgemittelt. Immer gewinnt man solches aber sehr unrein, und mit vielen stinkenden Oeltheilen durchdrungen, von welchen solches nur durch eine Nutralisation mit sauern Salzen befreiet werden kann. Werden hingegen dergleichen reinere mit dem Ammonium gebildete Neutralsalze, durch Kali, durch Natrum oder selbst durch Kalk zerlegt, welche samt und sonders in größerer Affinität mit den sauren Salzen stehen, so gewinnt man solches im reinen Zustande.

§. 113.

Das reinere Ammonium kann nun entweder milde oder ätzend existiren. Das erstere gewinnt man, wenn ein Theil Salmiak (der aus Ammonium und Salzsäure zusammengesetzt ist) mit anderthalb Theilen Pottasche, oder an deren Stelle zwey Theilen gepülverter Kreide gemengt, und das Gemenge aus einer Retorte mit angeküttеter Vorlage übergetrieben wird. In der Vorlage gewinnt man dann das milde Ammonium in trockner Form, und in der Retorte bleibt die Salzsäure des Salmiaks, im ersten Fall durch Kali, und im letztern durch Kalkerde neutralisirt zurück.

§. 114.

Wird dagegen ein Theil Salmiak mit anderthalb Theilen gebrannten Kalks, der vorher mit sechs Theilen Wasser gelöscht worden ist, in einer Retorte gemengt, und das Gemenge überdestillirt, so erhält man das Ammonium frey von Kohlenstoffsäure, also ätzend in Wasser aufgelößt; und dieses sehr durchdringend flüchtig riechende Fluidum, wird ätzendes Ammonium, auch ätzender Salmiakgeist genannt. Auch in diesem letztern Fall, bleibt in der Retorte eine Verbindung von Kalkerde und Salzsäure zurück, und der Salmiak ist in allen jenen Operationen zerlegt worden.

Erdige Elemente.

§. 115.

Die Erden, in ihrem reinsten und freiesten Zustande von allen fremdartigen nicht zu ihrem Wesen gehörigen Beymischungen, haben bisher noch nicht in differente sinnlich wahrnehmbare Theile entmischet werden können, wir müssen solche daher als unzerlegte Stoffe oder Elemente betrachten. Die erdigen Elemente unterscheiden sich, nach ihrem allgemeinen Karakter, durch Farbenlosigkeit, durch hohe Feuerbeständigkeit, gänzlichen Mangel an Geruch, und Unentzündlichkeit. Wir kennen gegenwärtig zehn specifisch verschieden geartete erdige Elemente oder Elementarerden (§. 35.), wovon hier aber nur diejenigen näher erörtert werden sollen, welche in der Gerbekunst entweder für sich, oder in Verbindung mit andern Substanzen, eine praktische Anwendung finden; und dahin gehören, bis jetzt wenigstens, nur allein die Kalkerde und die Thonerde; alle übrige sind derselben völlig entbehrlch.

Von der Kalkerde.

§. 116.

Mit dem Namen Kalkerde wird ein eignes erdiges Element bezeichnet, das zwar nie rein in der Natur vorkomnt, aber in Verbindung mit Kohlenstoffsäure und wäßrigen Theilen, so wie mannichfachen andern Erdarten, den Hauptbestandtheil im Kalkstein, im Marmor und in allen übrigen zum Kalkgeschlecht gehörenden Stein und Erdarten ausmachet; und in dergleichen Verbindungen im Weltraume überaus häufig angetroffen wird.

§. 117.

Die Kalkerde kommt in den Produkten aller Naturreiche sehr reichlich verbreitet vor, obschon selbige im Mineralreich am vorzüglichsten zu Hause ist, und bald in erdiger Form bald in steiniger Form gefunden wird. Am reinsten, fast bloß mit Kohlenstoffsäure und wenigem Kristallwasser verbunden, findet sich die Kalkerde im weißen Marmor; in den gefärbten Marmorarten, so wie im gemeinen Kalkstein, ist sie dagegen allemal noch mit fremdartigen Erden, auch wohl metallischen Theilen gemengt. Auch das Thierreich liefert sie ziemlich rein, in Form der Schalengehäuse der Austern, der Muscheln, der Corallengewächse rc. Auch macht sie, jedoch mit vielen fremdartigen Theilen verbunden, einen Bestandtheil in den Knochen der Thiere aus; und in den Pflanzen bildet solche ihr faseriges Gerippe.

§. 118.

So wie die Kalkerde im Mineralreich dargeboten wird, selbst in ihrem reinsten natürlichen Zustande, ist sie immer mit Kohlenstoffsäure und wäßrigen Theilen gemischt, und wird roher Kalk genannt. Sie ist in diesem Zustande geruch- und geschmacklos, und wird von denjenigen Säuren, welche sie aufzunehmen geschickt sind (vorzüglich der Salpeter- Salz- und Essigsäure) mit Brausen aufgelöst, indem hiebey die ihr beywohnende Kohlenstoffsäure gasförmig, als kohlenstoffsaures Gas, entwickelt wird.

§. 119.

Wird dagegen der rohe Kalk einer anhaltenden Glühung unterworfen, so werden die Kohlenstoffsäure und die wäßrigen Theile daraus entfernt, die reine Kalkerde bleibt dann mit einem Gewichtsverlust von 50 bis 55 Procent, in einem sehr veränderten Zustande zurück, und wird nun gebrannter Kalk genannt. Die Kalkbrennerey ist also allein darauf gegründet, dem rohen Kalkstein seine Kohlenstoffsäure, so wie sein Kristallwasser zu entziehen, und ihn dadurch zum Behuf seiner Anwendung in den Künsten und mechanischen Gewerben vorzubereiten.

§. 120.

Wenn der dem Brennen unterworfne rohe Kalkstein rein war, und keine fremdartige Erden oder Metalltheile eingemengt enthielt, so stellt der gebrannte Kalk nun eine reine ätzende Kalkerde dar. Diese zeichnet sich von der rohen Kalkerde in ihren Eigenschaften auffallend verschieden aus: Sie besitzt einen scharfen brennenden Geschmack; sie wird von sauren Salzen ohne Brausen aber mit beträchtlicher Erhitzung aufgelöst; sie saugt mit Begierde Wasser ein, und löscht sich damit unter beträchtlicher Erhitzung; und sie ist endlich in 680 Theilen kaltem, und 400 Theilen siedendem reinem Wasser vollkommen lösbar. Ihrer Schärfe wegen, wird sie auch ätzende Kalkerde genannt

§. 121.

Wird der gebrannte Kalk mit Wasser übergossen, so saugt er selbiges nach einiger Zeit ein, er dehnt sich aus, zerfällt in eine äußerst zarte und weiße mit dem Wasser mengbare Masse, und alle diese Erfolge sind mit einer großen Erhitzung der ganzen Masse begleitet. Jener Erfolg wird das Löschen des Kalkes, und das entstandne Produkt, wird gelöschter Kalk genannt.

§. 122.

Bey diesem Löschen des Kalkes, übt derselbe auf das hinzukommende Wasser eine zerlegende Wirkung aus. Das liquide Wasser, welches aus festem Wasser und Wärmestoff gemischt war, giebt nemlich seinen festen Antheil an die Kalkerde ab, welche durch seine Einsaugung in Pulver zerfällt. Der Wärmestoff des Wassers wird hingegen ausgeschieden, und als freye Wärme entwickelt.

§. 123.

Der gelöschte Kalk unterscheidet sich also vom ungelöschten bloß dadurch, daß er mit Wassertheilen verbunden ist. Da diese aber seine specifische Natur nicht abzuändern vermögen, so bleiben auch seine ätzenden Eigenschaften dieselben wie vorher.

§. 124.

Wird der gelöschte ätzende Kalk mit mehrerm Wasser verdünnt, so tritt solcher damit in Mengung, und bildet eine scheinbar milchartige Flüssigkeit, welche Kalkmilch genannt wird. Diese Kalkmilch läßt, wenn sie ruhig steht, die weißen Kalktheile zu Boden fallen, und es bleibt eine klare Flüssigkeit über den Bodensatz stehen, welche nun Kalkwasser genannt wird. Dieses Kalkwasser besitzt einen scharfen schrumpfenden Geschmack, und ist eine wahre Auflösung des gebrannten Kalkes im Wasser, obschon in 680 Theilen einer solchen Flüssigkeit, selten mehr als ein Theil Kalkerde aufgelöst enthalten ist.

§. 125.

Wenn das Kalkwasser in festverschlossenen Gefäßen aufbewahrt wird, so behält solches seine Eigenschaften Jahre lang, unverändert; wenn dasselbe aber in offenen Gefäßen stehen bleibt, so saugt der darin aufgelöste Kalk aus dem Dunstkreise die darin befindliche Kohlenstoffsäure ein, er wird dadurch wieder in rohen Kalk umgeändert, und scheidet sich nun als solcher, aller vorigen Aetzbarkeit beraubt, in kleinen Kristallen aus der Flüssigkeit ab. Diese erzeugen auf ihrer Oberfläche eine kristallinische Kruste, welche Kalkrahm genannt wird.

§. 126.

Die Schärfe und Aetzbarkeit des gebrannten Kalkes, und dessen davon abhängende Fähigkeit, gleich den ätzenden alkalischen Salzen thierische Substanzen anzugreifen und aufzulösen, bestimmt seine Anwendung in der Gerberey, zum Enthaaren der rohen Thierhäute: indem solcher beym Einkalken der Häute auf das Oberhäutchen (Epidermis) derselben, als den Sitz der Haarwurzeln wirkt, solches zerstöhrt, und so die Ablösung der Haare oder

Wolle begünstiget; obschon ein zu lange fortgesetztes Behandeln der Thierhäute im Kalkäscher, auch ihrer sonstigen Struktur und Festigkeit, sehr nachtheilg werden kann.

Von der Thonerde.

§. 127.

Mitdem Namen Thonerde (auch Alaunerde), wird ein eigenes erdiges Element bezeichnet, welches in der innigsten Mischung mit Kieselerde, (die in der Gerbekunst keine Anwendung findet), diejenige allgemein bekannte, mit Wasser leicht erweichbare, zähe, und im Feuer sich hartbrennende Erdart bildet, welche unter dem Namen Thon oder auch Bol allgemein bekannt ist.

§. 128.

Obschon der Thon als Gegenstand der Gerbekunst keine Anwendung findet, so ist doch der Alaun (ein erdiges Mittelsalz, das aus der reinen Thonerde, aus Schwefelsäure und wenigen Kali zusammengesetzt ist), ein in der Weißgerberey und der Saffianfärberey so unentbehrlicher Gegenstand, daß die Thonerde hier vorzüglich aus dem Grunde aufgenommen werden mußte, um die Kenntniß und Entwicklung der Bestandtheile des fernerhin vorkommenden Alauns, darauf gründen zu können.

§. 129

Man erhält die Thonerde am reinsten und freyesten von andern Beymischungen, wenn reiner Alaun in reinem Regenwasser aufgelöst, und der Auflösung so lange mit reinem Wasser aufgelöstes Natrum zugesetzt wird, bis dieses nichts erdiges mehr daraus niederschlägt. Das Natrum verbindet sich hiebey mit der Schwefelsäure des Alauns, seine Kohlenstoffsäure wird als kohlenstoffsaures Gas entwickelt, und die von ihrer Schwefelsäure getrennte Thonerde fällt nun als eine zarte schlüpfrige Substanz zu Boden, welche darauf bis zur völligen Geschmacklosigkeit mit Regenwasser ausgelaugt, durch Filtriren von der Wäßrigkeit geschieden, und getrocknet werden muß.

§. 130.

Diese reine Thonerde ist blendend weiß von Farbe, sehr locker und leicht, völlig geruch- und geschmacklos, im reinen Wasser unauflöslich; sie brennt sich im Feuer hart ohne scharfschmeckend oder in Wasser lösbar zu werden: aber sie wird von den sauern Salzen ruhig ohne Brausen aufgelöst, und erzeugt mit den meisten süßlicht zusammenziehend schmeckende Auflösungen; mit der Schwefelsäure verbunden, erzeugt sie aber wieder Alaun.

Metallische Elemente.

§. 131.

Jedes einzelne Metall ist das Produkt der Mischung aus seinem eignen Elemente oder metallischen Grundstoff, und Lichtstoff. Wenn also von einem metallischen Elemente hier die Rede ist, so wird darunter nicht das Metall selbst, sondern nur eine dasselbe bildende elementarische Grundlage verstanden.

§. 132.

Die allgemeine Chemie kommt gegenwärtig ein und

zwan-

zwanzig verschieden geartete metallische Elemente, so wie die von ihrer Existenz abhängigen Metalle; aber die Gerbekunst bedarf nur einige derselben, die daher hier auch nur allein ausgehoben werden sollen. Dahin gehören das Zinn, das Eisen, das Arsenik, alle übrige sind derselben, bis jetzt wenigstens, völlig entbehrlich.

§. 133.

Die metallischen Elemente, so wie die aus ihrer Mischung mit dem Lichtstoff entstehenden Metalle, werden fast ausschließlich vom Mineralreich dargeboten. Sie kommen aber gleichfalls nie rein, sondern allemal mit andern Elementen gemischt vor, und können für sich nie anschaulich dargestellt werden. Sind die Produkte ihrer Mischung von einer solchen Art, daß Dichtigkeit Metallglanz und Verbrennlichkeit mangeln, dann werden solche Erze oder vererzte Metalle (Mineralisirte Metalle, Minern) genannt; sind solche aber mit Metallglanz, Dehnbarkeit, Schmelzbarkeit im Feuer, und der allen Metallen eignen großen specifischen Dichtigkeit begabt, dann werden sie gediegne Metalle, oder regulinische Metalle genannt.

§. 134.

Die wirklichen Metalle sind entweder unter dem Hammer dehnbar, oder sie reißen und springen in Stücken; im ersten Fall werden solche duktile oder dehnbare, im letztern werden sie spröde oder brüchige Metalle genannt.

Oxydation der Metalle. Metalloxyde.

§. 135.

Wenn die Metalle auf irgend eine schickliche Art mit Sauerstoff in Mischung gesetzt werden, so nehmen sie solchen, mit Verlust ihres Lichtstoffs, in sich auf, und ihre vorigen Eigenschaften sind nun verschwunden. Die Operation, wodurch diese Verbindung bewirkt wird, wird Oxydation, und das durch sie erzeugte Produkt, wird ein Metalloxyd genannt.

§. 136.

Die Oxydation der Metalle geschiehet entweder dadurch, daß man sie, in Berührnung mit der atmosphärischen Luft, einer langsamen Glühung unterwirft; oder daß man solche in sauren Salze auflöst; oder daß man sie mit Salpeter gemengt, in einen glühenden Schmelztiegel trägt; oder endlich daß man sie in einem glühend gemachten Zustande mit Wasserdämpfen in Berührung bringt. Im erstern Fall nehmen solche den Sauerstoff aus der atmosphärischen Luft, im zweyten aus den sauern Salzen oder dem mit ihnen vermengten Wasser, im dritten nehmen sie ihn aus der Säure des Salpeters, und im vierten aus dem reinen Wasser in sich: in jedem einzelnen Fall aber, ist das Produkt ein Metalloxyd; und die dasselbe bewirkende Operation, verdient eine Oxydation genannt zu werden.

§. 137.

Einige dieser Metalloyde (vorzüglich die vom Gold, Platin, Silber und Quecksilber) lassen, wenn selbige in verschlossenen Gefäßen geglühet werden, ihren Sauerstoff als Sauerstoffgas von sich entweichen, und erscheinen nun wieder als wirkliche Metalle, indem sie den verlohrnen Lichtstoff wieder eingesaugt haben. Diese Operation wird eine Reduktion oder Wiederherstellung genannt; und diejenigen Metalle, welche sich aus ihren Oxyden ohne weitern Zusatz durch bloßes Glühen wieder herstellen lassen, nennt man edle Metalle.

§. 138.

Die meisten andern Metalloxyde verglasen aber im Feuer, und können ohne Zusatz von Kohle oder einer kohlenstoffhaltigen Substanz nicht wieder hergestellt werden. Ihre Wiederherstellung erfolgt dann mit Entbindung von kohlensaurem Gas, indem der Kohlenstoff mit dem Sauerstoff in Mischung tritt, und seinen Lichtstoff an das Metallelement abgiebt; diejenigen Metalle aber, die aus ihren Oxyden für sich nicht reduzirbar sind, werden unedle Metalle genannt.

§. 139.

Wenn die Metalle, um sie zu oxydiren, mit den ihnen anpassenden Säuren im wasserfreyen Zustande übergossen werden, so erleiden sie in der Kälte nicht leicht eine Veränderung davon. Werden diese Säuern aber vorher in einem gehörigen Verhältniß mit Wasser verdünnt, dann lösen sie die Metalle mit gelinder Erhitzung auf, und es wird Wasserstoffgas (§. 78.) enwickelt. Hier nimmt also das Metall den Sauerstoff nicht aus der Säure, sondern aus dem damit gemengten Wasser an, und giebt seinen Lichtstoff an den Wasserstoff ab. Das daraus gebildete Metalloxyd geht nun mit der Säure in Auflösung, und der aus ihr und dem Wasser frey werdende Wärmestoff, dehnt die Mischung aus Wasserstoff und Lichtstoff, zum Wasserstoffgas aus.

§. 140.

Die metallische Auflösung enthält nun das Metallelement in einem mit Sauerstoff gemischten, und dadurch oxydirten Zustande, mit der Sauere verbunden, folglich als ein metallisches Mittelsalz aufgelöst. Die Auflösung selbst ist entweder farbenlos, oder zeichnet sich durch eine bestimmte Farbe aus, je nachdem das Metall verschieden war. Wird derselben ätzendes Kali oder ätzendes Natrum im aufgelösten Zustande beygemischt, so verbindet sich dieses mit der Säure, und das Metalloxyd wird niedergeschlagen: das nun, nach gehörigem Auslaugen mit reinen Wasser und langsamen Trocknen an einem schattigen Orte, als reines Metalloxyd erscheint; und so ohne Entbindung von Wasserstoffgas, in den mit Wasser verdünnten Säuern aufgelöst wird.

Nähere Beschreibung der als Gegenstände der Gerbekunst vorkommenden Metalle.

Vom Zinn.

§. 141.

Das Zinn ist ein dehnbares unedles Metall von bläulich weißem Metallglanze, das zu Tisch- und andern Geschirren sehr häufig verbraucht wird. Seine Mischungstheile sind Zinnstoff und Lichtstoff. Es gehört zu den leichtflüssigen Metallen, das daher im Feuer bald schmilzt; wenn es aber glühend mit Einwirkung der Luft in Berührung erhalten, sich leicht oxydirt, und in ein weißes Oxyd (die Zinnasche) umgeändert wird. Ein karakteristisches Merkmal des Zinns in seinem metallischen Zustande, bestehet darin, daß es beym Biegen knistert, und sich sehr bedeutend erhizt.

§. 142.

Das Zinn findet weder in der Loh- noch Weißgerberey eine Anwendung, wohl aber bey der Saffianfabrikation, wo solches zum Färben der Saffianfelle in vielen Fällen ein unentbehrliches Mittel abgiebt, indem dasselbe, in seinem mit Säuren aufgelösten Zustande, die Haut zur Aufnahme und Verschönerung der für sie bestimmten Farbe überaus geschickt macht.

§. 143.

Zu dem Behuf muß das Zinn vorher aufgelöst werden. Sein schicklichstes Auflösungsmittel ist das Königswasser, das aus einem Gemenge von 3 Theilen reiner Salzsäure und einem Theil Salpetersäure bereitet, und dann noch mit seinem ganzen Gewicht reinem Wasser verdünnt wird.

§. 144.

In eine solche Säure trägt man das Zinn, in einem vorher gedreheten Zustande, bey kleinen Portionen ein, und sezt nicht eher wieder frisches hinzu, bevor nicht die vorige Portion aufgelöst worden ist; und diese Operation wird dann so lange fortgesetzt, bis die Säure nichts mehr vom Zinn auflösen will. Die erhaltene Auflösung wird nun unter dem Namen Zinnauflösung, in einem wohl verstopften Glase, zum fernern Gebrauch in der Saffianfärberey aufbewahrt.

Vom Eisen.

§. 145.

Das Eisen ist aus seinem eignen Element dem Eisenstoff, und Lichtstoff, zusammengesetzt. Man unterscheidet davon, nach der verschiedenen Natur der Erze woraus solches gewonnen worden ist, das geschmeidige gute Eisen, das kaltbrüchige Eisen, das rothbrüchige Eisen, und den Stahl, der eigentlich ein veredeltes und mit Kohlenstoff durchdrungnes Eisen ausmacht. Die Hauptfarbe des Eisens, ist ein aus dem blauen ins Graue spielender Metallglanz.

§. 146.

Auch das Eisen wird in der Gerberey nur wenig gebraucht. Aber seine Eigenschaft, wenn es in sauern Salzen aufgelößt ist, nun in Verbindung mit starker Lohbrühe, oder Galläpfelabkochung eine dunkelschwarze Farbe zu erzeugen, macht solches zu einem sehr geschickten Mittel, das Leder damit schwarz zu färben; zu welchen Behuf dasselbe auch als Gegenstand der Gerbekunst vorzüglich, und fast allein angewendet wird.

Vom Arsenik.

§. 147.

Das Arsenik ist ein eignes Metall, aus Arsenikstoff

stoff und Lichtstoff gemischt. In seiner Mischung mit dem Sauerstoff läßt solches den Lichtstoff von sich, und geht in den Zustand des Arsenikoxyds über. Das Arsenikoxyd, welches nun weißer Arsenik oder Giftmehl und Rattenpulver genannt wird, erscheint jetzt als eine weiße Substanz von süßlicht brennendem Geschmack, und überaus giftiger Wirkung für den thierischen Körper; es ist in 80 Theilen kaltem Wasser lösbar, und verbreitet auf glühenden Kohlen weiße Dämpfe, die einen knoblauchartigen Geruch verbreiten. Wird dasselbe mit Kali (§. 102.) oder Natrum (§. 106) gemischt, so ist ein solches Gemisch nun leichter im Wasser lösbar, und bildet dann ein Beitzmittel, wodurch thierische Häute zur Aufnahme der Farben sehr geschickt vorbereitet werden können.

§. 148.

Das Arsenik findet in der Gerbekunst geradezu gar keine Anwendung, nur in der Saffianfärberey ist dasselbe zur Produktion schöner und fester Farben unentbehrlich, deshalb es auch hier aufgenommen werden mußte. Das weiße Arsenik, welches in diesem Zustande bloß Arsenikoxyd ist, ist vermögend noch eine weit größere Quantität Sauerstoff aufzunehmen, und geht dann damit in den Zustand eines eignen sauern Salzes über, welches Arseniksäure genannt wird, und zur Produktion schöner Farben auf Leder, nicht weniger geschickt ist, als das weiße Arsenik selbst.

Dritte Abtheilung.

Von der Verbindung der chemischen Elemente untereinander, und den dadurch erzeugten Produkten.

§. 149.

Die chemischen Elemente stehen in einer steten und fast ununterbrochenen Wechselwirkung aufeinander, und üben daher ein immerwährendes Bestreben nach Mischung und Entmischung aus. Durch das erste produciren sie mehr gemischte Substanzen, deren Grundmischung, ohne ihre Kenntniß wohl nie richtig beurtheilt werden könnte; die aber nun selbst wieder, vermöge ihrer spekifiken Mischungstheile, eine Wechselwirkung in den Bestandtheilen derjenigen Körper veranlassen, mit denen sie in Berührung kommen, welche die Aufmerksamkeit des Beobachters verdient.

§ 150

Die praktische Gerbekunst, nach allen ihren verschiedenen Zweigen, welche mit Recht als ein einzelner Zweig der allgemeinen Chemie angesehen werden muß, gebraucht sehr viele dieser gemischten Produkte, um Veränderungen dadurch zu veranlassen, von welchen die wichtigsten Erfolge des Gerbens abhängig sind: es ist daher um so nothwendiger diejenigen Grundsätze im allgemeinen hier zu erörtern und zu erläutern, ohne welche die Gerbekunst nicht rationell und wissenschaftlich würde studirt werden kann.

§. 115.

Unter jenen mehr gemischten Stoffen, werden hier solche Substanzen verstanden, die aus zwey drey und vierfacher Mischung der Elemente untereinander, von der Natur producirt worden sind, und die wir bey der chemischen Entmischung oder Zergliederung der Körper, als die nähern Bestandtheile aus ihnen zu scheiden vermögen; sie sollen hier in einer möglichst systematischen Ordnung aufgestellt, in der Gerbermaterialienkunde aber, ihren speciellern Kennzeichen und Eigenschaften nach, näher beschrieben worden.

I. Von dem Wasser, und von seinen Eigenschaften.

§. 152.

Das Wasser macht, in seinem reinsten Zustande, eine natürlich gebildete tropfbare Flüssigkeit aus, die geschmacklos, farbenlos, durchsichtig, unentzündlich, in der Wärme flüchtig, und bey einer Temperatur von 32° Fahrenheit, oder Null° Reaumür gefrierbar ist, und im letztern Zustande Eis genannt wird.

§. 153.

Das Eis ist also ein natürliches festes oder concretes Wasser, das die Form seiner tropfbaren Flüssigkeit einzig und allein einer gewissen Quantität Wärmestoff (§. 49.) verdankt, der damit in chemische Mischung getreten ist: daher bindet das Eis in der hohen Temperatur Wärmestoff und wird zu liquidem Wasser, ohne selbst warm zu werden; (§. 40.) und liquides Wasser läßt bey einer Temperatur des Gefrierpunktes seinen flüssigmachenden Wärmestoff von sich, und erstarrt zum concreten Wasser oder Eis.

§. 154.

Das reine liquide Wasser ist also ein Produkt der Mischung aus drey verschiedenen Elementen, dem Wasserstoff (§. 72.) welcher 15 Procent, dem Sauerstoff, welcher 85 Procent darin ausmacht, und dem Wärmestoff, welcher dem Produkte jener Mischung die liquide Form ertheilt.

§. 155.

Das Wasser liegt im Weltraume überaus reichlich verbreitet, gemeiniglich aber in einer dreyfach verschiedenen Form, nemlich concret, tropfbarflüssig, und dunstförmig; aber seine große Neigung znr Verbindung mit andern Substanzen, erlaubt nicht, daß solches jemals ganz frey in der Natur vorkommen kann, wenn es nicht durch besondre Veränderung von den fremdartigen Beimischungen befreiet worden ist.

§. 156.

In concreter oder starrer Form, kann das Wasser in einem zweifachen Zustande existiren, 1) im Zustande des Eises, 2) wenn solches einen Bestandtheil der Salze der Erden und anderer trockner Naturkörper ausmacht; die eine größere Affinität zum concreten Wasser besitzen, als dieses zum Wärmestoff besaß. In den Salzen, Erden, und Steinen, ist dieses concrete oder wärmeleere Wasser ein Bindungsmittel für ihre kleinern Massentheile, es macht ein Hülfsmittel ihrer Kristallisation aus, und wird in diesem Fall Kristallisationswasser genannt.

§. 157.

In der tropfbar flüssigen oder liquiden Form, also aus concretem Wasser und Wärmestoff gebildet, kommt das Wasser am häufigsten vor, und füllet einen großen Theil unsers Erdballs aus. Aber seine lösende Kraft gegen verschiedene salzige Stoffe, und die stete Berührung, in welcher das Wasser mit solchen Materien im Weltraum steht, machen, daß es fast immer mehr oder weniger mit solchen beladen, und seiner ursprünglichen Reinigkeit dadurch beraubt ist.

§. 158.

Das gemeine Wasser wird in Flußwasser und in Quell- oder Brunnenwasser unterschieden; (welchen beiden noch die sogenannten Mineralwässer, das Meerwasser und die Salzquellen beygesellt werden können.) Das Fluß- und Quellwasser, unterscheiden sich weniger im qualitativen als im quantitativen Verhältniß der in ihnen gelösten fremdartigen Theile; und diese bestehen gemeiniglich in Neutralsalzen oder erdigen Mittelsalzen, oder beiden zugleich. Die Mineralquellen zeichnen sich vom gemeinen Wasser dadurch aus, daß sie reichlich mit solchen Stoffen beladen sind, die als Arzneymittel wirken; das Meerwasser und die Salzquellen oder Salzsoolen, sind Auflösungen des Küchensalzes im Wasser. Die drey letzten Wässer, kommen hier nicht weiter in Betrachtung.

§. 159.

Das gemeine Fluß- und Brunnenwasser, wird gewöhnlich in weiches und hartes Wasser unterschieden. Ersteres zeichnet sich durch einen milden Geschmack aus, wird während dem Sieden nicht leicht trübe, schäumt gut mit der Seife, und Hülsenfrüchte werden darin leicht weich gekocht. Das zweite zeichnet sich hingegen durch einen fremden erdigen Geschmack aus, es trübt sich leicht während dem Sieden, nnd läßt einen erdigen Satz fallen; mit der Seife schäumt es nicht gut, und Hülsenfrüchte lassen sich während dem Kochen darin nicht wohl erweichen. Das weiche Wasser enthält gewöhnlich nur Neutralsalze, eigentlich Küchensalz, das harte enthält dagegen mehr erdige Mittelsalze, als kohlensaure Kalkerde und Gips aufgelöst.

§. 160.

Wenn das Wasser mit freyer Wärme in Berührung tritt, so wird solches dadurch zu einer dunstförmigen Flüssigkeit ausgedehnt, und als Wasserdunst verflüchtiget. Eine solche Ausdehnung erleidet das natürliche Wasser fast beständig, durch die Wärme des Erdballs, so wie auch dann, wenn solches bis zum Sieden erhitzt wird; und auch alle lebende organische Geschöpfe, dünsten ein solches Wasser, ununterbrochen aus. Jener Wasserdunst tritt mit der atmosphärischen Luft in Anziehung, und bleibt daher so lange im Dunstkreise vertheilt, bis er wieder zu Wasser verdichtet, als Thau, oder Regen oder Schlossen, und im Winter als Schnee, dem Erdball wieder zugeführt wird.

§. 161.

Das Wasser macht ein Lösungsmittel aller salzigen, gummigen, schleimigen und vieler erdigten Theile aus, und kommt daher fast stets mit dergleichen verbunden in der Natur vor. Die Wärme verflüchtiget das reine Wasser, und läßt seine fremdartigen Materie zurück. Daher erscheint das Regenwasser als ein reines Wasser, weil es durch die Wärme des Erdballs verdampft, in Dünste verwandelt, nun aber wieder tropfbar aus der Atmosphäre herabgesunken ist. Eine gleiche Reinigung erleidet das Wasser, wenn solches bis auf den zwölften Theil überdestillirt wird, ein solches wird dann destillirtes Wasser genannt.

II. Vom Alkohol.

§. 162.

Wenn Kohlenstoff, Wasserstoff und Wärmestoff, in einem bestimmten quantitativen Verhältniß, mit einander in Mischung treten, so entsteht hieraus eine tropfbare Flüssigkeit eigner Art, welche Alkohol genannt wird, und den geistigen oder entzündlichen Gemengtheil in jedem Branntwein ausmacht. Der Alkohol ist eine besondre Art ätherisches Oel, daß sich von den übrigen aber dadurch wesentlich auszeichnet, daß es in allen Verhältnissen mit dem Wasser mischbar ist.

§. 163.

Der reine Alkohol zeichnet sich durch folgende karakteristische Kennzeichen aus: Er ist tropfbarflüssig und farbenlos; von einem angenehmen durchdringenden Geruch; einem starken feurigen Geschmack; er gefriert nicht in der Kälte; ist schon bey einer Temperatur von 160° Fahrenheit oder $56\frac{8}{9}$ Reaumür vollkommen flüchtig; er ist leicht entzündlich, brennt mit einer keinen Ruß gebenden Flamme, und zündet zuletzt Schießpulver an, wenn er darüber abgebrannt ist; er ist specifisch leichter als Wasser, mischt sich aber mit demselben unter allen Verhältnissen; in verschiedenen quantitativen Verhältnissen mit Wasser gemengt, bildet er den Branntwein.

§. 164.

Man gewinnt den Alkohol aus dem Branntwein, wenn solcher zu wiederholtenmalen für sich, oder über trockne Pottasche überdestillirt wird, bis er aller Wäßrigkeit vollkommen beraubt worden ist. In Vermengung mit $\frac{1}{2}$ Wasser, wird das Produkt Weingeist (Spiritus vini) genannt. In Vermengung mit $\frac{2}{3}$ Wasser, bildet der Alkohol den Branntwein.

III. Von den sauren Salzen oder Säuren.

§. 165.

Wenn die säurefähigen Elemente, als Kohlenstoff, Salpeterstoff, Schwefelstoff rc. mit dem Sauerstoff, in unterschiedenen quantitativen Verhältnissen, in chemische Mischung treten, so werden hiedurch manche besonders geartete Produkte gebildet, die nach ihrem verschiedenen Zustande, durch die Benennung Oxyde, Halbsäuren, und Säuren unterschieden werden; welche letztere wieder, wenigstens einige von ihnen, in vollkommne und unvollkommne unterschieden werden müssen.

§. 166.

Die Verbindung eines säurefähigen Elements kann auf sehr verschiedenen Wegen statt finden: 1) Wenn das Element den Sauerstoff langsam aus dem Dunstkreise einsaugt; 2) Wenn solches im Sauerstoffgas verbrannt wird; 3) wenn dasselbe mit schon fertigen Säuren in Berührung kommt, die ihren Sauerstoff davon absetzen rc. So zerfließt Phohor an der Luft nach und nach zu einem sauern Salze, das Phosphorsäure heißt. Schwefel geht beym Verbrennen im Sauerstoffgas in Schwefelsäure über. Zucker wird durch das Kochen mit Salpetersäure in Sauerkleesäure umgeändert.

§. 167.

Wenn ein säurefähiges Element von dem Sauerstoff nur so viel in sich saugt, daß seine vorige Natur zwar verlohren geht, dasselbe aber noch nicht den Zustand einer wahren Säure annimmt, so nennt man das entstandene Produkt ein Oxyd, und die Operation wodurch solches erzeugt worden ist, wird eine Oxydation genannt. Dergleichen Oxyde giebt es sehr viele in der Natur: dahin gehören Zucker, Honig, Stärke, thierische Gallerte oder Leim rc. welche sämtlich Produkte der Mischung verschiedener theils säurefähiger, theils andrer Elemente, mit Sauerstoff ausmachen, welcher aber nicht in hinreichender Quantität in ihnen vorhanden ist, um sie in wahre saure Salze umändern zu können. Auch die Metalle nehmen den Sauerstoff an, und bilden damit die Metalloxyde, wovon einige, durch eine große Quantität Sauerstoff, selbst in den Zustand der sauern Salze übergehen.

§. 168.

Wenn hingegen ein säurefähiges Element mit so

viel Sauerstoff in Mischung tritt, daß dasselbe damit gesättiget wird, so ist das Produkt dieser Verbindung ein saures Salz oder eine Säure; und die Operation, wodurch dieses bewirkt wurde, wird eine Säurung oder Oxygenation genannt.

§. 169.

Saure Salze oder Säuren werden also ganz eigenthümliche Substanzen genannt, welche Produkte der innigsten Mischung eigenthümlicher säurefähiger Elemente, oder auch schon gemischter säurefähiger Basen, ausmachen: die aber außerdem gemeiniglich noch eine Portion Wärmestoff chemisch gebunden enthalten, von welchem zum Theil ihre Schärfe und Aetzbarkeit abhängig ist.

§. 170.

In jedem besondern sauern Salze, haben wir daher drey verschiedene bildende Mischungstheile zu unterscheiden: 1) die säurefähige Basis oder das Substrat; 2) den Sauerstoff; 3) den Wärmestoff. Der Sauerstoff ist in allen sauern Salzen derselbe, er macht das eigne säurezeugende Prinzip in ihnen aus. Die säurefähige Basis ist aber in jedem einzelnen sauern Salze verschieden, und von ihr hängen die specifiken Eigenschaften der Säure ab.

§. 171.

Die meisten sauern Salze kommen schon fertig gebildet in der Natur vor, sie können aber auch durch Hülfe der Kunst aus ihren bildenden Mischungstheilen erzeugt werden.

Nach

Nach ihrem Vorkommen in der Natur, unterschied man sonst die sauern Salze, in mineralische, in vegetabilische, und in animalische. Dieser Unterschied ist aber keinesweges naturgemäß, und man unterscheidet daher gegenwärtig richtiger die sauren Salze oder Säuern, in solche die eine aus zwey, oder auch mehrern Elementen gemischte säurefähige Basis enthalten: jene werden einfache, und diese gemischte Säuern genannt.

§. 172.

In der allgemeinen Chemie kennt man jetzt 28 specifisch verschieden geartete Säuren, die als selbstständig anerkannt werden müssen. Dahin gehören: 1. die Kohlenstoffsäure (aus Kohlenstoff und Sauerstoff); 2. die Schwefelsäure (aus Schwefelstoff und Sauerstoff); 3. die Salpetersäure (aus Salpeterstoff und Sauerstoff); 4. die Phosphorsäure (aus Phosphorstoff und Sauerstoff); 5. die Arseniksäure (aus Arsenikstoff und Sauerstoff); 6. die Wolframsäure (aus Wolframstoff und Sauerstoff; 7. die Molybdänsäure (aus Molybdänstoff und Sauerstoff); 8. die Chromsäure (aus Chromstoff und Sauerstoff zusammengesetzt); 9) die Salzsäure; 10. die Flußsäure; 11. die Boraxsäure; 12. die Weinsteinsäure; 13. die Citronsäure; 14. die Apfelsäure; 15. die Kleesäure; 16. die Essigsäure; 17. die Bernsteinsäure; 18. die Gallussäure; 19. die Korksäure; 20. die Benzoesäure; 21. die Zootische Säure; 22. die Milchzuckersäure; 23. die Ameisensäure; 24. die Fettsäure; 25. die Harnsäure; 26. Hydrothionsäure; 27. die Honigsteinsäure; 28. die Kamphorsäure.

§. 173.

Von diesen acht und zwanzig verschieden gearteten Säuren, sind die acht erstern durch die, bey einer jeden genannten einfachen, säurefähigen Basis gebildet. Die Natur der säurefähigen Basis der drey darauf folgenden ist noch nicht bekannt; jene Basen sind aber wahrscheinlich auch einfach. Die siebzehn letztern enthalten dagegen gemischte säurefähige Basen, in welchen zwey auch drey Mischungstheile, nemlich Kohlenstoff und Wasserstoff, zuweilen auch noch Salpeterstoff, erkannt worden sind.

§. 174.

Ihrer specifischen Verschiedenheit ungeachtet, kommen diese Säuren dennoch in ihrem allgemeinen Karakter vollkommen mit einander überein; und die davon abhängenden Eigenschaften derselben bestehen in folgenden: 1) Sie besitzen einen eignen sauern Geschmack; 2) sie färben das Lakmus und andre blaue Pflanzensäfte roth; 3) sie lösen die alkalischen Salze auf, rauben ihnen die die alkalischen Eigenschaften, und bilden damit eigne Salzmischungen, welche Neutralsalze genannt werden; 4) sie verbinden sich auf gleiche Art mit den Erden und den Metalloxyden, und die daraus gebildeten Salzmischungen werden Mittelsalze, und zwar im ersten Fall erdige Mittelsalze, im letztern Fall metallische Mittelsalze genannt. So sind z. B. der Salpeter und das Kochsalz Neutralsalze; Alaun ist ein erdiges; Eisenvitriol und Kupfervitriol sind metallische Mittelsalze.

§. 175.

Wenn der Schwefelsäure, Salpetersäure, und Phosphorsäure ein Theil ihres Sauerstoffes entzogen wird, so gehen sie aus dem Zustande der vollkommnen Säuern, in den Zustand der unvollkommnen über, sie werden luftartig oder dunstförmig und nehmen eigne flüchtige Gerüche an. So entstehet die schwefliche Säure, die salpetrige Säure, und die phosphorige Säure. Einige dieser Säuern sind fähig ein Uebermaaß von Sauerstoff zu binden, ihre sauren Eigenschaften gehen dadurch meistens verlohren, ihre oxydirenden Eigenschaften werden aber vermehrt. Dies ist vorzüglich der Fall mit der Salzsäure, wenn sie über Braunstein oder andere vielen Sauerstoff enthaltende Substanzen abgezogen wird: sie werden dann oxydirte Säuren z. B. oxydirte Salzsäure rc. genannt.

§. 176.

Von diesen genannten sauren Salzen werden, außer der Schwefelsäure, der Salpetersäure, der Salzsäure, der Gallussäure und der Essigsäure, die andern fast gar nicht als Gegenstände der Gerbekunst gebraucht; diese letztern sollen daher, mit Uebergehung der andern, in der Gerbermaterialienkunde näher erörtert werden.

Anmerkung. Wer sich mit diesem Gegenstande näher bekannt machen, und sich von den sauern Salzen eine mehr allgemeine Kenntniß verschaffen will, den verweise ich auf meinen Grundriß der allgemeinen Experimentalchemie 1. 2. 3. u. 4. Theil. 1800 bis 1805. Berlin bey Rottmann.

IV. Von den Neutral- und Mittelsalzen.

§. 177.

Wenn die sauern Salze mit alkalischen Salzen mit Erden und mit Metallen in neutrale Auflösung treten, nemlich wenn sie von den letztern nichts mehr in sich zu nehmen vermögen, so entstehen hieraus, wie bereits (§. 174.) erwähnt worden, die Neutral- und Mittelsalze. Außer dem Küchensalz, dem Alaun und dem Eisenvitriol, kommen selbige als Gegenstände der Gerbekunst nur selten in Gebrauch; die hier genannten werden in der Gerbematerialienkunde gleichfalls näher erörtert werden.

§. 178.

Die Neutralsalze, so wie die erdigen Mittelsalze allein, sind vollkommen neutrale Verbindungen der Säure mit den alkalischen Salzen oder Erden: ihre mit reinem Wasser gemachten Auflösungen ändern daher weder das Lackmuspapier noch das Kurkumepapier in seiner Farbe. Die meisten metallischen Mittelsalze enthalten hingegen stets die Säure vorwaltend, und können daher im strengern Sinn des Wortes nicht als neutral angesehen werden.

V. Von den ätherischen Oelen.

§. 179.

Unter dem Namen Oel verstehet man eine entzündliche, nicht mit dem Wasser mischbare natürliche Flüssigkeit, die mit einer, vielen Rauch und Ruß absetzenden Flamme brennt, vorzüglich dann, wenn ein Docht damit genährt wird.

§. 180.

Man unterscheidet gewöhnlich zweierley Arten Oele, ätherische und fette. Die erstern kommen in allen gewürzhaft riechenden und schmeckenden Pflanzen, so wie in ihren einzelnen Theilen, als Blumen, Blättern, Rinden, Saamen und Wurzeln vor; von ihnen erhalten jene Substanzen ihren Geruch: und sie werden daraus abgeschieden und gewonnen, wenn jene Materien mit Wasser gemengt destillirt werden.

§. 181.

Die ätherischen Oele, welche gleich dem Alkohol (§. 162.) eigenthümliche Produkte der Mischung aus Kohlenstoff, Wasserstoff und Wärmestoff ausmachen: als Rosmarienöl, Terpentinöl, Lavendulöl ꝛc. zeichnen sich von den weiterhin zu erwähnenden fetten Oelen durch folgende karakteristische Kennzeichen aus: sie haben einen starken gewöhnlich angenehmen Geruch, einen brennenden aromatischen Geschmack, sind flüchtig und destillirbar in der Wärme, im Alkohol vollkommen lösbar, und lassen sich durch alkalische Salze nicht in Seife verwandeln. Nur wenige von ihnen finden Anwendung in den Operationen der Gerbekunst.

VI. Von den fetten Oelen.

§. 182.

Die fetten Oele (als Mandelöl, Hanföl, Leinöl) ꝛc., sind Produkte der Mischung aus Kohlenstoff, Wasserstoff und wenigem Sauerstoff, in welchen aber der Kohlenstoff mehr vorwaltend ist, als in den ätherischen Oelen. Sie zeichnen sich in ihrem völlig reinen Zustande, von den letztern durch folgende Kennzeichen aus: sie sind meist farbenlos, geschmack- und geruchlos, schmierig und fettig im Gefühl, bey der Hitze des siedenden Wassers nicht flüchtig, im Alkohol nicht lösbar, und werden durch die alkalischen Salze leicht Seife umgeändert. Der Geruch und Geschmack, welchen sie in gewönlichen Zustande besitzen, ist gemeiniglich von fremdartigen Beymischungen abhängig, und nicht zu ihrem Wesen gehörig.

§. 183.

Man gewinnt die fetten Oele aus den ölhaltigen Samen verschiedener Pflanzen, als Mohnsamen, Hanfsamen, Leinsamen ꝛc. wenn sie vorher gestampft werden, wenn das davon erhaltene Pulver bis zur Verdampfung seiner Wäßrigkeit erhitzt, und wenn solches hierauf warm ausgepreßt wird. Auch die fetten Oele finden unter den Gegenständen der Gerbekunst nur wenig Anwendung.

VII. Von dem Kampher.

§. 184.

Mit dem Namen Kampher, bezeichnet, man einen ganz eigenthümlichen entzündlichen Stoff, der in allen Theilen, des in Japan wild wachsenden Kampher-Lorbeerbaums, aber auch in vielen bey uns einheimischen Pflanzen gefunden wird, und gleich den ätherischen Oelen, aus Kohlenstoff und Wasserstoff, nur unter einem andern quantitativen Verhältniß, gemischt zu seyn scheint. Er erscheint weißkristallinisch, hat einen flüchtigen gewürzhaften Geruch, ist im Alkohol lösbar, aber mit alkalischen Salzen nicht mischbar. Er macht keinen Gegenstand der Gerbekunst aus.

VIII. Von den Harzen.

§. 185.

Harze werden eigenthümliche Gemengtheile des Pflanzenreichs genannt, welche Produkte der Mischung aus ätherischen Oelen und Sauerstoff ausmachen. Sie sind entweder liquide oder harte, im erstern Fall werden sie flüssige Harze oder auch Pflanzenbalsame, im letztern werden sie feste Pflanzenharze genannt.

§. 186.

Die Harze schmelzen aus verschiedenen, vorzüglich unter warmen Himmelsstrichen wachsenden Pflanzen, entweder von selbst, oder nach vorher gemachten Einschnitten und Verletzungen ihrer Rinde aus, sie sind anfangs weich, trocknen dann aber aus und nehmen einen bröcklichen in der Wärme erweichbaren Zustand an. Sie besitzen einen aromatischen Geruch und Geschmack, sind im Alkohol, nicht aber im reinen Wasser lösbar, und werden durch die alkalischen Salze leicht in besondere Seifen (Harzseifen) umgeändert. Man kennt davon sehr viele Arten, als Terpentin, weißes Pech, Mastix, Sandrack ꝛc.; sie finden abér als Gegenstände der Gerbekunst nur selten Anwendung.

IX. Von dem Gummi.

§. 187.

Gummi wird ein eigner Gemengtheil der Pflanzen genannt, welcher im reinen und trocknen Zustande fest, glasglänzend, durchsichtig, spröde, fast geschmacklos, im reinen Wasser vollkommen lösbar, und mit wenigem Wasser erweicht klebrig und fadenziehend, dagegen im Alkohol völlig unauflöslich ist. Als arabisches oder Senegalgummi quillt diese Substanz aus dem egyptischen Schlottendorn, weniger rein auch bey uns, aus den Kirschen und Pflaumenbäumen. Mit andern Stoffen gemengt macht das Gummi einen Bestandtheil vieler andern Pflanzen aus. Seine bildende Elemente sind Kohlenstoff, Wasserstoff und Sauerstoff, in eignen quantitativen Verhältnissen gemischt. Als Gegenstand der Gerbekunst, findet das Gummi nur selten Anwendung.

X. Von dem Schleim.

§. 188.

Der Schleim ist eine dem Gummi sehr ähnliche Substanz, und kommt auch in seinen Eigenschaften ziemlich damit überein. Der einzige Unterschied zwischen beiden besteht darin, daß der Schleim im trocknen Zustande undurchsichtig, und seine mit Wasser gemachte Lösung schlüpfrig nicht klebrig ist. Der Schleim scheint sich daher durch eine kleine Abänderung im quantitativen Verhältniß der bildenden Elemente, vom Gummi zu unterscheiden. Der reinste Schleim ist das Traganthgummi, welches aus dem in Italien wachsenden Traganthstrauch hervorquillt. Die Schleimarten, welche man erhält wenn Quittenkern, Leinsamen, Altheewurzel ꝛc. mit kaltem oder mäßig warmen Wasser angerieben werden, sind von jenem nicht verschieden.

XI. Von der Stärke.

§. 189.

Die Stärke, auch Kraftmehl genannt, welche in den Stärkefabriken aus dem Weitzen bereitet wird, liegt darin mit Gluten, Gummi, und Zuckertheilen gemengt, und macht auch einen eignen Gemengtheil vieler andern Pflanzensubstanzen, vorzüglich der mehligen Wurzeln ꝛc. aus. Die Stärke ist ihrer Natur nach ein trockner noch nicht aufgelöster Schleim. Sie ist im kalten Wasser nicht lösbar, vom warmen wird sie aber zu einem Schleim aufgelöst, der in seiner Beschaffenheit, so wie in seiner chemischen Grundmischung, vom vorigen (§. 188.) nicht verschieden ist.

XII. Von dem Gluten oder Kleber.

§. 190.

Wenn Weizenmehl in ein Stück feine Leinwand gebunden, und dann so lange unter kaltem Wasser geknetet wird, bis sich das Wasser nicht mehr davon trübt, so bleibt in der Leinewand eine zähe elastische Substanz von weißgrauer Farbe zurück, welche weder im kalten noch kochenden Wasser lösbar ist, an warmer Luft zu einer harnartigen Substanz austrocknet, im feuchten Zustande aber wie Käse fault, und in Aezlauge, gleich den animalischen Substanzen, aufgelöst wird. Diese Substanz, welche auch in andern Vegetabilien einen eignen Gemengtheil ausmacht, und hier von den damit gemengt gewesenen Stärke- Zucker- und Gummitheilen geschieden worden ist, wird Gluten oder Kleber genannt.

§. 191.

Auch viele frische Pflanzen, vorzüglich die Kreßarten, enthalten Gluten in sich, er scheidet sich daraus ab, wenn der frisch heraus gepreßte Saft nahe zum Sieden erhitzt, oder mit Alkohol gemengt wird. Er hat dann viel Aehnlichkeit mit dem Eiweiß nnd wird daher auch Eiweißstoff genannt. Gluten, Kleber- und Eyweißstoff, bezeichnen also einerley Substanz. Die bildenden Elemente derselben, sind Kohlenstoff, Wasserstoff, Salpeterstoff, Sauerstoff und Phosphorstoff: sie kommt ganz mit den animalischen Substanzen überein.

XIII. Von dem Seifenstoff.

§. 192.

Mit dem Namen Seifenstoff wird ein eigner Gemengtheil der Pflanzen bezeichnet, welcher in den meisten mit Gummi, Harz, auch wohl Schleim gemengt vorhanden liegt, und sich durch seine vollkommne Lösbarkeit im reinsten Alkohol vom Gummi und Schleim; durch seine vollkommne Lösbarkeit im reinen Wasser aber, von den Harzen deutlich auszeichnet. Der Seifenstoff scheint ein Mittelding zwischen Gummi und Zucker auszumachen. Seine bildenden Elemente sind gleichfalls Kohlenstoff, Wasserstoff, und Sauerstoff.

XIV. Von dem Zucker.

§. 193.

Auch der Zucker macht einen eignen Gemengtheil in vielen Pflanzen aus. Der meiste Zucker wird aus dem in Ost-

und Westindien wachsenden Zuckerrohre gewonnen, er kann aber auch aus vielen süßschmeckenden Wurzeln, Früchten, und deren Säften dargestellt werden. Er zeichnet sich von den vorher beschriebenen Gemengtheilen durch seinen farbenlosen Zustand, seinen süßen Geschmack, und seine Kristallisirbarkeit hinreichend aus. Er ist sowohl im reinsten Alkohol als im reinsten Wasser völlig lösbar. Seine bildende Elemente sind Kohlenstoff, Wasserstoff, und Sauerstoff, in eignen quantitativen Verhältnissen gemischt. Er ist als die säurefähige Grundlage derjenigen Säuren mit gemischter Basis anzusehen, welche man sonst Pflanzensäuren nennt; und dahin gehören insbesondere die (§. 172. No. 12 bis 16) angegebenen.

XV. Von dem Gerbestoff.

§. 194

Die meisten zusammenziehend schmeckenden Pflanzen enthalten, außer den übrigen, einen eignen Gemengtheil in sich, von welchem ihr zusammenziehender Geschmack abhängt, und welcher ihnen zugleich die Eigenschaft ertheilt, frische Thierhäute zu gerben; daher dieser Gemengtheil auch mit dem auszeichnenden Namen Gerbestoff belegt wird. Seine Kenntniß ist in der Lohgerberey um so wichtiger, da alle gerbende Wirkung der Eichenrinde, so wie jeder andern lohgerbenden Substanz, von seinem Daseyn allein abhängig ist.

§. 195.

Die verschiedenen Pflanzen, in welchen der Gerbestoff vorzüglich reichlich angetroffen wird, sollen in der Gerbe-materialienkunde näher beschrieben werden. Hier will ich den Gerbestoff, als für sich bestehenden Gemengtheil der Pflanzen, näher erörtern und bestimmen.

Darstellung des Gerbestoffes.

§. 196.

Der Gerbestoff macht einen Gemengtheil in allen gerbenden Pflanzen oder ihren Theilen aus. Um denselben von den anderweitigen Gemengtheilen zu trennen, und ihn im reinen Zustande für sich darzustellen, kann folgendermaßen operirt werden.

a) Man kochet diejenige Substanz, aus welcher der Gerbestoff geschieden werden soll, so oft mit reinem Regenwasser aus, als solches noch auflösbare Theile daraus in sich nimmt; worauf die Abkochung filtrirt wird.

b) Man löset hierauf in Salzsäure, durch Hülfe des Siedens in einem gläsernen Kolben, so viel gedrehetes Zinn auf, als sie in sich nehmen will, und verdünnt diese Auflösung mit vier Theilen Wasser.

c) Von dieser Zinnauflösung gießt man eine Portion zu der den Gerbestoff anhaltenden Abkochung, es wird gleich eine Trübung entstehen; man setzt nun fernerhin noch so viel hinzu, bis kein Niederschlag mehr erfolgen will, und läßt alles ruhig absetzen, worauf das Flüssige abgegossen, der Niederschlag mit Wasser ausgewaschen, und dann vom Flüssigen abfiltrirt wird. Er ist jetzt eine Verbindung von Zinnoxyd und Gerbestoff, die ferner zerlegt werden muß.

§. 197.

Bey jener Operation enthielt die Abkochung (wenn z. B. Galläpfel derselben unterworfen worden waren), Gallussäure und Gerbestoff; die Zinnauflösung aber, Zinnoxyd und Salzsäure. Während beyde zusammenkamen, übten ihre Bestandtheile eine wechselseitige zerlegende Affinität gegen einander aus: das Zinnoxyd verließ die Salzsäure, um sich sowohl mit dem Gerbestoff als mit der Gallussäure zu mischen, und diese Verbindungen blieben mit den übrigen Gemengtheilen gemengt zurück. Das hieraus entstandene gallussaure Zinn, blieb aufgelöst zurück, wogegen die aus dem Gerbestoff und dem Zinnoxyd entstandene Verbindung, unaufgelöst zu Boden fiel.

§. 198

Um nun diese letztere Verbindung zu zerlegen, und den Gerbestoff rein darzustellen, muß folgendermaßen operirt werden.

a) Man vermengt das noch feuchte mit dem Gerbestoff verbundene Zinnoxyd mit reinem Regenwasser, und bringt solches in ein gläsernes Gefäß.

b) Man bringt hierauf eine aus gleichen Theilen gefeiltem Eisen und Schwefel zusammengeschmolzene Masse von geschwefeltem Eisen in einen gläsernen Kolben, gießt acht Theile gemeine Salzsäure hinzu, verschließt die Oeffnung mit einem Korkstöpsel, durch den eine wie ein S gebogene zum Gasableiten bestimmte gläserne Röhre, mit ihrer einen Krümmung befestiget ist. Man setzt den Kolben auf heißen Sand, und leitet das zweyte gekrümmte Ende des Rohrs, in das Gemenge von wasser- und gerbestoffhaltigem Zinn, bis auf den Boden des Gefäßes.

c) Bald darauf wird sich Hydrathion-saures Gas (§. 172.) (Schwefelstoffgas) entwickeln, das während dem Einwirken der Säure aus Schwefel und Wasserstoff erzeugt wird. Dieses Gas wird sich mit der Flüssigkeit verbinden, und an denjenigen Theil des Zinnoxyds, welcher mit dem Gerbestoff verbunden war, die Hydrothionsäure absetzen, die damit unauflöslich zu Boden fällt; wogegen nun der Gerbestoff im Wasser aufgelöst bleiben wird.

d) Man setze nun das abfiltrirte Fluidum einige Tage der einwirkenden Sonne aus, um alle noch daran klebende Hydrothionsäure völlig zu verjagen, und verdünste solches nachher gelinde, so wird der Gerbestoff in braunen Blättern daraus zu Boden fallen, und rein übrig bleiben.

Eigenschaften des reinen Gerbestoffs.

§. 199.

Der reine Gerbestoff zeichnet sich in seinen Eigenschaften folgendermaßen als ein eigenthümliches Wesen karakteristisch aus: 1) er ist braun, glänzend, und von blättriger Textur; 2) er bleibt an der Luft trocken, ohne zu zerfließen: 3) sein Geschmack ist sehr herbe und zusammenziehend; 4) Er ist sowohl im Alkohol als im reinen Wasser lösbar, und seine mit Wasser gemachte Lösung schäumt beym

Schütteln wie Seife; 5) Seine Auflösung ist weder dem Schimmel noch der Fäulniß unterworfen; und 6) er ist auch nach dem Trocknen wieder im Wasser lösbar; 7) Tischlerleim nnd andre animalische Auflösungen, welche Gallerte enthalten, werden durch den aufgelösten Gerbestoff getrübt, und es fällt eine zähe elastische Substanz aus ihnen zu Boden, welche mit dem Gluten des Mehls viel Aehnlichkeit hat, aber dem Faulen nicht unterworfen ist; 8) Oxydirte Salzsäure zerstöhrt den Gerbestoff, und beraubt ihn seiner gerbenden Eigenschaft.

§. 200.

Dieser Gerbestoff ist es, welcher denjenigen Theil in den gerbenden Pflanzensubstanzen ausmacht, von welchem allein ihre gerbende Eigenschaft als abhängig betrachtet werden muß: Von seiner Quantität in einer gegebenen Menge des gerbenden Materials, hängt dessen Güte als Gerbematerial ab. Seine Kenntniß ist daher in der Gerbekunst unendlich wichtig. Diejenigen Materialien, welche ihn vorzüglich enthalten, sollen in der Gerbematerialienkunde näher erörtert und beschrieben werden.

Von dem Wachs.

§. 201.

Zu den besondern Gemengtheilen der Pflanzensubstanzen gehört auch noch das Wachs, welches gewöhnlich von den Bienen zubereitet, aber auch als glänzender Ueberzug auf vielen Pflanzenblättern, und als ein weißer pulverigter Ueberzug, auf dem Samen des virginischen Wachsbaums gefunden wird. Seine bildenden Elemente sind gleichfalls Kohlenstoff, Wasserstoff, und Sauerstoff; als Gegenstand der Gerbekunst wird es aber nur wenig gebraucht.

Anmerkung. Außer den beschriebenen, kennt die allgemeine Chemie noch einige andere besondere Gemengtheile der Pflanzen, als den ätzenden Stoff, den Narcotischen Stoff rc. die aber hier übergangen werden, da sie in der Gerbekunst gar keine Anwendung finden.

§. 202.

Wenn man die Pflanzensubstanzen, durch oft wiederholtes Ausziehen mit Wasser und Alkohol, von allen auflösbaren Theilen vollkommen befreyet hat, denn bleibt ein faseriges holziges Gewebe zurück, welcher Pflanzenfaser genannt wird; ein Beispiel hiervon hat man an der ausgelaugten in der Gerberey abfallenden Lohe. Eine solche Pflanzenfaser ist dann gewöhnlich bloß aus Kohlenstoff und erdigen Theilen zusammengesetzt.

§. 203.

Die bisher abgehandelten gemischten Stoffe, kommen sämtlich als Produkte des Pflanzenreichs vor: aber auch die thierischen Körper sind aus eignen Gemengtheilen zusammengesetzt, die eine rationelle Kenntniß voraussetzen, wenn die Gerbekunst, deren Geschäft insbesondere dahin abzweckt frische animalische Substanzen, nemlich die Thierhäute, in ihrer sonstigen Natur wesentlich zu verändern, rationell studirt werden soll, sie sollen aus dem Grunde hier gleichfalls näher erörtert werden.

§. 204.

§. 204.

Die ganze Masse des thierischen Körpers, so wie dessen einzelne Gemengtheile, sind zwar ganz aus denselben Elementarstoffen gebildet, wie die Gemengtheile der Pflanzenkörper, aber das unterschiedene, quantitative Verhältniß, in welchem sich jene Elemente mit einander gemischt haben, um die einzelnen Gemengtheile der thierischen Körper zu bilden, ist von dem in den Gemengtheilen der Pflanzenkörper sehr abweichend, und hierauf allein ist der Unterschied ihrer Form so wie ihrer übrigen Qualitäten, gegen die der Pflanzenstoffe, gegründet, immer behaupten sie aber eine große Aehnlichkeit unter einander.

§. 205.

Die vorzüglichsten Gemengtheile der thierischen Substanzen lassen sich unterscheiden: a) in solche, welche der Körper im lebenden Zustande, vermöge der Funktionen seines Organismus von selbst aussondert; und b) in solche, welche durch Hülfe der Kunst daraus abgesondert werden müssen. Zu den erstern gehören: 1) der Schweiß; 2) der Urin oder Harn; 3) die Galle; 4) der Speichel; 5) das Blut; 6) das Horn und die Haare; 7) die Milch; 8) die festern Excremente ꝛc. Zu denjenigen welche, sowohl aus den hier genannten, als andern Theilen des thierischen Körpers durch die Kunst abgesondert werden müssen, und daher als die wahren Gemengtheile anzusehen sind, gehören: 1) die Gallerte; 2) das Fett; 3) der animalsche Faserstoff; 4) die Knochenerde; diese letztern insbesondere sollen hier näher beschrieben werden, da die übrigen, als Gegenstände der Gerbekunst, nur wenig Anwendung finden.

Von der Gallerte.

§. 206.

Wenn magres Fleisch, oder gestoßene Knochen, oder geraspeltes Horn mit Wasser gekocht werden, so nimmt solches einen eignen lösbaren Stoff daraus in sich; Jene Substanzen bleiben in einem fast geschmacklosen Zustande zurück, und die erhaltene Abkochung nimmt in der Kälte eine geronnene schlüpfrige Beschaffenheit an.

§. 207.

Jene Substanz wird Gallerte genannt: sie geht gleich der Fleischbrühe, welche ebenfalls aufgelösete Gallerte ist, leicht in eine saure Gährung und bald darauf erfolgende Fäulniß über; in der Wärme ausgetrocknet, nimmt sie aber eine durchsichtige hornartige Beschaffenheit an, und wird in diesem Zustande thierischer Leim oder Tischlerleim genannt.

§. 208.

Die Gallerte macht einen eignen Gemengtheil aller thierischen Substanzen aus, und sie verdanken ihr ihre Biegsamkeit und davon abhängende Mobilität aller Organe im lebenden Zustande; im todten hingegen bewirkt sie deren baldigen Uebergang in saure und faule Gährung, so wie sie die Härte, Steifigkeit und hornartige Beschaffenheit derselben veranlasset, welche solche nach dem Austrocknen annehmen. Die chemischen Elemente, woraus die Gallerte gebildet ist, bestehen in Kohlenstoff, Wasserstoff, Sauerstoff, Salpeterstoff, Schwefelstoff, Phosphorstoff, und Kalkerde.

§. 209.

Die trockne Gallerte ist im reinen Wasser unverändert wieder lösbar; sie wird aber als eine geronnene Substanz aus ihrer Lösung niedergeschlagen, wenn im Wasser gelöster Gerbestoff hinzukommt; und das niederfallende flockige Wesen, hat nun ganz die Beschaffenheit der fasrigen Substanz einer gegerbten Thierhaut.

Vom Fett.

§. 210.

Fett, nennt man einen eignen Gemengtheil der thierischen Körper, welcher in ihrem Innern entweder in besondern häutigen Zellen abgesetzt gefunden wird, oder der, wie im Fleisch, in den Knochen rc. so innig mit Gallerte und andern Theilen verbunden ist, daß er ohne Auskochung mit Wasser nicht davon geschieden werden kann. Nach seiner verschiedenen Consistenz, wird das Fett bald Talg oder Unschlitt, bald Schmeer oder Schmalz, bald Butter; und wenn solches eine liquide Form besitzt, und aus Fischen gewonnen worden ist, Thran gewinnt.

§. 211.

Das Fett unterscheidet sich von der Gallerte durch seine Unauflöslichkeit in Wasser und Alkohol, seine Schmelzbarkeit in der Wärme, seine Entzündlichkeit, seine unveränderliche, nicht an der Luft austrocknende Beschaffenheit, und seine Eigenschaft, in Verbindung mit den ätzenden alkalischen Salzen, in den Zustand der Seife überzugehen. Die dasselbe bildenden Elemente sind Kohlenstoff, Wasserstoff, Sauerstoff, Salpeterstoff und Phosphorstoff.

§. 212.

Eine dem Fett ziemlich analoge, aber doch wesentlich davon verschiedene Substanz, ist der Wallrath, eine weiße, blättrig kristallisirte, halbdurchsichtige Substanz, welche aus dem Gehirn- und Rückenmark des Pottfisches, woselbst solcher sich zwischen der harten und weichen Haut sehr reichlich findet, gewonnen, und durchs Auskochen mit ätzender Kalilauge von den daran klebenden Fetttheilen befreyet wird. Der Wallrath kommt in seiner Schmelzbarkeit und Entzündlichkeit mit dem Fett überein, zeichnet sich aber wesentlich verschieden darin aus, daß er durchs Kochen mit ätzender alkalischer Lauge keinesweges wie jene aufgelöset, und in Seife verwandelt wird. Man wird vielleicht zum Tränken feiner Lederarten in der Gerberey einen nützlichen Gebrauch davon machen können.

Vom thierischen Faserstoff.

§. 213.

Wenn frisches Fleisch so oft mit Wasser ausgekocht wird, bis solches keine fett- und gallertartige Theile mehr daraus in sich nimmt, dann bleibt ein geschmack- und geruchloses faseriges Gewebe zurück, welches thierischer Faserstoff genannt wird. In der Wärme trocknet derselbe zu einer hornartigen Substanz aus; an einem feuchten Orte geht er in Fäulniß; Pflanzensäuren schwellen ihn, und lösen ihn nach und nach auf. Gerbestoff ändert ihn in eine zähe Substanz um, die mit gegerbtem Leder viel Aehnliches hat. Die ihn bildenden Elemente sind dieselben, wie die in der Gallerte, aber in einem andern quantitativen Verhältniß.

§. 214.

Der thierische Faserstoff macht einen reichlichen Gemengtheil im Eyweiß, im Blute, so wie in allen übrigen thierischen Feuchtigkeiten aus, auch in den festern Theilen liegt solche mit Gallerte gemengt vorhanden. Er ist die Ursache weshalb Blut und Eyweiß in der Hitze gerinnen, weshalb die Milch gerinnt wenn sie mit Säure gemengt erwärmt wird ꝛc. so wie derselbe die Grundlage der Haut, der Muskeln, der Nerven, und der knorpelartigen Theile ausmacht.

Von der Knochensubstanz.

§. 215.

Die Knochen der Thiere unterscheiden sich von dem Fleisch derselben, bloß durch das unterschiedene quantitative Verhältniß der Gemeng- und Mischungstheile. Sie bestehen aus Gallerte und Fett und einer erdigen Substanz, welche nach dem Auskochen mit Wasser davon zurück bleibt.

§. 216.

Jene erdige Materie, welche ausschließlich Knochensubstanz genannt wird, besitzt ganz dieselben bildenden Elemente wie der thierische Faserstoff; aber der erdige Theil, welcher in Kalkerde bestehet, ist darin mehr verwaltend wie in dem Faserstoff. Die Knochensubstanz macht daher eine zur erdigen Form verhärtete thierische Faser aus.

Zweyter Abschnitt.

Von der Gerber-Materialien-Kunde, oder Beschreibung derjenigen Materialien, welche in der gesammten Ledergerberey nothwendig erfordert werden.

§. 217.

Unter Gerber-Materialien-Kunde wird hier der summarische Inbegriff der rationellen Kenntniß aller derjenigen natürlichen Substanzen verstanden, welche entweder gegerbt werden sollen, oder zur vollständigen Gerbung und anderweitigen Zubereitung der erstern, nothwendig erforderlich sind. Ohne eine solche rationelle Kenntniß, würde die gesammte Gerbekunst immer sehr eingeschränkt bleiben, und nie zu dem Grade der Vollkommenheit emporgehoben werden können, den sie anzunehmen so sehr geeignet ist.

§. 218.

Um die Gerber-Materialien möglichst systematisch und zweckmäßig zu ordnen, können solche füglich, nach ihrer verschiedenen Abstammung in der Natur, eingetheilt werden: in mineralische, in vegetabilische, und in animalische. Hieraus entstehen dann drey verschiedene Zweige der Gerber-Materialien-Kunde, welche 1) in die Gerber-Mineralogie; 2) in die Gerber-Botanik, und 3) in die Gerber-Zoologie zerfallen.

Erste Abtheilung.

Von der Gerber-Mineralogie.

§. 120.

Die Gerber-Mineralogie begreift die Kenntniß aller derjenigen natürlichen, oder durch die Kunst zum Theil veränderten Stoffe in sich, welche ursprünglich aus dem Mineralreich abstammen, und als Hülfsmaterialien in der gesammten Gerbekunst unentbehrlich sind. Sie lassen sich füglich unterscheiden, in erdige, in metallische und in salzige. Es soll hier jede Klasse besonders näher erörtert werden.

Erdige Materialien.

§. 220.

Von den verschiedenen Erdarten, welche in der allgemeinen Mineralogie bekannt sind, macht die Gerbekunst nur von zweyen Gebrauch, die daher hier, mit Uebergehung der andern, auch nur allein näher erörtert und beschrieben werden sollen. Dahin gehören: 1) die Kalkerde, und 2) die Thonerde, welche letztere jedoch nie für sich, sondern immer nur in einem mit Kieselerde gemischten Zustande, als weißer Thon oder Bolus, und in einem durch Schwefelsäure zum Theil neutralisirten Zustande, in Form des Alauns, als Gerbematerial angewendet wird.

I. Von dem Kalk oder gebrannten Kalk.

§. 221.

Der Kalk (auch gebrannter Kalk und ungelöschter Kalk genannt), ist seiner Natur nach reine Kalkerde (§. 119), welche aus dem rohen Kalkstein, der eine natürliche Verbindung von Kalkerde, Kohlenstoffsäure und Kristallwasser ausmacht, nach dem völligen Ausglühen oder Brennen im Kalkofen, zurück bleibt.

§. 222.

Der gebrannte Kalk ist ein in der Gerbekunst, besonders der Weiß- und Saffiangerberey, allgemein gebrauchtes Mittel, das vorzüglich dazu angewendet wird, die rohen Häute nach dem vorher gegangenen Waschen, damit einzukalken, um sie dadurch auf ihrer äußern Seite von den Haaren zu befreyen: welche Befreyung derselbe durch seine ihm natürlich eigene Schärfe und Aetzbarkeit, so wie die davon abhängende Zerstörbarkeit gegen animalische Substanzen, worin er den ätzenden alkalischen Salzen (§. 104. und §. 106.) ziemlich nahe kommt, veranlaßt und bewirkt

§. 223.

Die Güte des gebrannten Kalks hängt theils von Reinigkeit des gemeinen Kalksteins ab, aus welchem derselbe gebrannt wurde, theils aber auch von dem gehörig beobachteten Grade der Feurung, wodurch das Brennen veranstaltet worden ist. War der rohe Kalkstein rein, nemlich nicht thon- eisen- und gipshaltig, dann pflegt auch die Beschaffenheit des daraus gewonnenen gebrannten Kalks gut zu seyn.

§. 224.

Ein vollkommen guter gebrannter Kalk muß eine gelbweiße Farbe besitzen, beym Anschlagen klingen, beim Kauen im Munde eine bedeutende Schärfe erregen, und beym Benetzen mit der Hälfte Wasser, sich sehr bald erhitzen und zu einem völlig weißen äußerst feinen Pulver zerfallen, ohne feste Stücke zurück zu lassen; endlich muß derselbe in verdünnter Salpetersäure, ohne Rückstand ruhig und mit Entwicklung von Wärme aufgelöset werden.

§. 225.

Wenn der Kalk jene Eigenschaften nicht besitzt, wenn solcher vielmehr sich schwer oder unvollkommen mit dem Wasser löscht, wenn harte nicht löschbare Stücke davon übrig bleiben, dann taugt der Kalk nichts: er war entweder nicht genug gebrannt, und dann löst sich der nicht löschbare Rückstand, ohne merkliche Erhitzung, aber mit Brausen und Entwicklung von kohlenstoffsaurem Gas; in der Salpetersäure auf; oder der rohe Kalk hatte zu viel Thon oder Gips eingemengt enthalten: dann ist solcher, vorzüglich mit dem erstern, eine Art von Schmelzung eingegangen, und seine kalkartige Natur ist zerstört worden. Das letztere ist gemeiniglich der Fall bey demjenigen Kalk, von welchem man sagt, er sey todt gebrannt.

II. Von der Kreide.

§. 226.

Die Kreide ist gleichfalls rohe Kalkerde, von mehr erdiger Form, aber so wie der gemeine Kalkstein aus Kalkerde, Kohlenstoffsäure und festem Wasser zusammengesetzt, und kann erforderlichen Falls nicht nur zur Kalkbrennerey angewendet werden, sondern liefert dabey sogar einen gebrannten Kalk von ganz vorzüglicher Beschaffenheit.

§. 227.

Die Kreide ist ein Mineralprodukt, das in seinem reinen Zustande vorzüglich in der Pergamentfabrikation, so wie auch zum Anstreichen des weißgahren - Leders gebraucht wird. Sie kommt in England, in Frankreich, in Spanien, in Italien, in Dännemark rc. in ganzen Ketten von Kreidegebirgen vor, und hält oft schwarze Steinmassen von der Natur des Feuersteins eingeschlossen. Eine gute Kreide muß völlig farbenlos, nicht mit eingesprengten Theilen von gelbem Eisenocher durchwebt, nicht steinigt, sondern leicht zerreibbar, und in verdünnter Salpetersäure unter starkem Brausen vollkommen auflösbar seyn.

III. Vom Thon oder Bolus.

§. 228.

Thon wird in der allgemeinen Mineralogie eine eigne Erdart genannt, welche ein Produkt der Mischung aus Kieselerde und reiner Thonerde (§. 127.) ausmacht. Wenn der Thon rein ist, dann ist er farbenlos; hält derselbe aber Metalloxyde eingemengt, dann zeichnet sich derselbe durch verschiedene Farben aus, die vorzüglich nach dem Brennen desselben im Feuer erst recht deutlich hervorkommen.

§. 229.

Diejenigen Thonsorten, welche zwischen den Fingern sich sanft und gleichsam fettig anfühlen, im Munde leicht zergehen, und beym Aufrühren mit Wasser, wenig Sand übrig lassen, werden Bolarerden oder Bolus genannt. Man hat hievon mehrere Sorten, die sich durch verschiedene Farben auszeichnen; als weißen Bolus, rothen Bolus, armenischen Bolus, grauen Bolus etc., die man aus verschiedenen Ländern erhält. Von allen diesen macht allein der weiße farbenlose Bolus einen Gegenstand der Gerberey aus, um damit, so wie mit der Kreide, weißgahres Leder anzustreichen oder zu färben.

Metallische Materialien.

§. 230.

Außer den Metallen selbst, welche unter den Elementen (§. 132.) bereits erörtert worden sind, gebraucht die Gerbekunst nur sehr wenig dahin gehörige Substanzen, mit Ausnahme derjenigen, welche unter den metallischen Mittelsalzen vorkommen werden, und die also schon Verbindungen der Metalloxyde mit sauern Salzen ausmachen.

I. Vom Ocher oder Ochergelb.

§. 231.

Der sogenannte gelbe Ocher auch Ochergelb genannt, ist das einzige unter den metallischen Materialien, welches als Gegenstand der Gerbekunst, in dem Zustande angewendet wird, wie wir solches von der Natur verhalten.

§. 232.

Der Ocher ist ein natürliches Eisenoxyd, welches das Ansehen einer Erde hat, mehr oder weniger gelb von Farbe ist, an die Hände abfärbt, und zuweilen mit Thon vermengt vorkommt. Man unterscheidet vom Ocher gemeiniglich zwey Arten, der gelben und den braunen. Jener besitzt eine lebhafte hellgelbe, dieser mehr eine dunkle ins

Orange fallende gelbe Farbe. Sie werden als Gegenstand der Gerberey beyde zum Anstreichen des gelben Leders gebraucht. Man findet die Ocherarten in der Erde, und gewinnt solche durch Ausfördern, ohne daß sie einer weitern künstlichen Vorbereitung bedürfen.

Salzige Materialien überhaupt.

§. 233.

Salze überhaupt werden in der allgemeinen Chemie und Mineralogie diejenigen natürlichen Substanzen genannt, welche, gleich dem Kochsalze, einen eignen Reiz auf der Zunge veranlassen, den wir salzig nennen, und im reinen Wasser lösbar sind. Ihrer specifiken Natur nach lassen sie sich abtheilen, in alkalische Salze, in saure Salze, in Neutralsalze, und in Mittelsalze; wovon die letztern wieder in erdige und metallische Mittelsalze unterschieden werden müssen.

§. 234.

Die Anzahl der salzartigen Materien, welche man in der allgemeinen Chemie und Mineralogie kennt, ist sehr groß; hier werden indessen von ihnen nur diejenigen ausgehoben, welche als Gegenstände der Gerbermaterialienkunde eine spezielle Anwendung finden; dahin gehören:

a) Von den alkalischsalzigen Materialien: die Pottasche und die Sode;

b) Von den sauersalzigen Materialien: die Schnefelsäure, die Salpetersäure, die Salzsäure, die Kohlenstoffsäure, die Essigsäure, und die Gallussäure.

c) Von neutralsalzigen Materialien: das Kochsalz und der Salmiak.

d) Von den erdig-mittelsalzigen Materialien: der Alaun, und die essigsaure Thonerde.

e) Von den metallisch-mittelsalzigen Materialien: der Eisenvitriol, der Kupfervitriol, das salzsaure Zinn, und das essigsaure Eisen.

Salzige Materialien des Mineralreichs.

§. 235.

Jene verschieden gearteten salzigen Materialien gehören, ihrer Abkunft nach, theils zum Mineral- theils zum Pflanzenreich. Hier werden vorzüglich diejenigen näher erörtert, deren erzeugende Bestandtheile ausschließlich aus dem Mineralreich abstammen; diejenigen hingegen, wovon der eine Bestandtheil vegetabilischer Abkunft ist, werden unter den Gerbematerialien des Pflanzenreichs mit abgehandelt werden. Zu den erstern gehören: 1. die Soda; 2) die Schwefelsäure; 3) die Salpetersäure; 4) die Salzsäure; das Kochsalz; 6) der Salmiak; 7) der Alaun; 8) der Eisenvitriol: 9) der Kupfervitriol; 10) das salzsaure Zinn. Alle übrige oben aufgeführte, sollen unter den Materialien des Pflanzenreichs abgehandelt werden.

I. Von der Soda.

§. 236.

Die Soda ist eine Vermengung von Natrum (§. 106.) mit verschiedenen Neutralsalzen, so wie mit erdigen und schweflichten Theilen. Ihr alkalischsalziger

Bestandtheil, welcher wenigstens 60 Procent beträgt, nemlich das Natrum, scheint ursprünglich mineralischer Abkunft zu seyn, daher die Soda hier als Produkt des Mineralreichs abgehandelt wird.

§. 237.

Die Soda ist eine Art von Asche, welche man gewinnt, wenn die im Meere, am Ufer des Meers oder sonst in einem mit Kochsalz durchdrungnen Boden gewachsenen Pflanzen, bis zur übrigbleibenden schwarzgrauen Asche verbrannt werden. Ihr alkalisch salziger Bestandtheil ist also das Natrum (§. 106), und sie unterscheidet sich dadurch von der Pottasche, deren alkalischsalziger Bestandtheil das Kali (§. 102.) ausmacht.

§. 238.

Man erhält die Soda, durch den Weg des Handels, aus Spanien, Frankreich, England und Italien, aber sie wird auch in unserm deutschen Vaterlande, vorzüglich in dem Preußischen Staate, von vorzüglicher Güte gewonnen. Sie hat bis jetzt als Gegenstand der Gerbekunst, wahrscheinlich weil man sie nicht gekannt hat, noch wenig Anwendung gefunden. Aber sie wirkt als ein alkalisches Salz, und findet in allen denienigen Fällen eine Anwendung, wo man sonst Pottasche gebraucht. Sie ist übrigens bedeutend wohlfeiler wie die Pottasche, und verdient daher einen Vorzug vor dieser.

§. 239.

Die Soda, so wie sie im Handel vorkommt, erscheint

als eine bald zusammenhängende poröse, bald pulverártige Substanz, von schwarzer oder auch grauer Farbe, und einem schweflicht alkalischen Geschmack. Reines Wasser laugt ihren alkalisch salzigen Bestandtheil (das Natrum) aus, und durchs Verdunsten und Kristallisiren der Auflösung, erhält man solches rein, im milden Zustande (§. 108.). Aber die Lauge der Soda selbst, ist schon hinreichend, um in den Operationen der Gerbekunst angewendet zu werden.

II. Von der Schwefelsáure.

§. 148.

Die Schwefelsáure, welche gewöhnlich auch Vitriolsáure genannt wird, ist eine Sáure eigner Art, aus Schwefelstoff, aus Sauerstoff und aus Wármestoff zusammengesetzt. Sie besitzt, in ihrem wasserfreyen konzentrirten Zustande, eine dickflüssige Beschaffenheit wie Oel, und wurde vormals ganz allein durch die trockne Destillation des vorher bis zur Entstehung einer weißen Masse im Feuer kalzinirten Eisenvitriols (welcher aus Schwefelsáure und Eisenoxyd zusammengesetzt ist) gewonnen: daher man ihr den Namen Vitriolöl (oleum vitrioli) beylegte. Jetzt gewinnt man die Schwefelsáure auch durch die Verbrennung des Schwefels mit einem Zusatz von Salpeter, indem man die sich dabey aus dem Schwefelstoff, und dem Sauerstoff der zersetzten Salpetersáure, erzeugende dunstförmige Swefelsáure, in Wasserdünsten auffángt und verdickt, und darauf, bis zu ihrer gehöriger Konzentration, das Wasser abdestillirt: daher sie auch Schwefelöl genannt worden ist.

§. 241.

Diejenige Schwefelsäure welche aus dem Eisenvitriol gewonnen worden ist, hat die Eigenschaft bey Berührung mit der Luft weiße Dämpfe auszustoßen, und in der Kälte, noch vor dem Gefrierpunkte, zu einer kristallinischen Masse zu erstarren: sie wird daher auch rauchendes Vitriolöl, auch Eisöl, und nach dem Orte wo sie gewonnen war, auch Nordhäuser, Sächsisches, Schlesisches, Magdeburgisches Vitriolöl rc. genannt. Die andre besitzt diese Eigenschaft nicht, sie wird nicht rauchendes Vitriolöl, und weil sie häufig aus England erhalten wird, auch englisches Vitriolöl genannt: Beyde sind aber in ihrer Wirkung, als Gegenstände der Gerbekunst, wesentlich nicht verschieden.

§. 242.

Die Schwefelsäure ist, in ihrem reinen Zustande, farbenlos, geruchlos, und von einer dickflüssigen Beschaffenheit; sie erhitzt sich, wenn sie in Wasser gegossen wird (§. 41.); Holz, Pech, und andre verbrennliche organische Substanzen werden darin verkohlt, sie nimmt dabey eine gelbe oder braune Farbe an, und dampft dann in der Hitze einen durchdringenden Geruch, wie brennender Schwefel, aus. Sie ist specifisch schwerer als Wasser, und verhält sich in ihrem specifischen Gewicht gegen dieses, wie 1900 zu 1000, jedoch nur dann, wenn sie recht stark ist. In den englischen Gerbereyen macht man von dieser Säure Anwendung, um die Häute damit zu schwellen.

III. Von

III. Von der Salpetersäure.

§. 136.

Salpetersäure (auch Scheidewasser) nennt man eine eigenthümliche saure Flüssigkeit, welche an Kali gebunden und neutralisirt, im gewöhnlichen Salpeter, vorhanden liegt. Ihre Bestandtheile sind Salpeterstoff, Sauerstoff, und Wärmestoff. Man gewinnt solche, indem zwey Theile gepulverten Salpeter, mit einem Theil Vitriolöl, das man zuvor mit zwey Theilen Wasser verdünnt hat, in einer gläsernen Retorte übergossen, und nachdem eine Vorlage angeküttet worden ist, alles bis zur völligen Trockne überdestillirt wird. Das Kali des Salpeters bleibt mit der Schwefelsäure verbunden, in der Retorte als schwefelsaures Kali zurück, wogegen die Salpetersäure in Verbindung mit dem Wasser in die Vorlage überdestillirt. Weil man diese Säure zur Scheidung des Silbers vom Golde anzuwenden pflegt, hat sie den Namen Scheidewasser erhalten.

§. 244.

Diese Salpetersäure ist farblos, von einem eigenthümlichen Geruch, einem scharfsauren Geschmack, und sie zerstört alle organische Substanzen, ohne sie zu verkohlen; aber die thierischen insbesondere, z. B. Häute, Knochen, Federn rc. werden davon gelb gefärbt, indem sie ihren Sauerstoff daran absetzt.

§. 245.

Die Salpetersäure findet geradezu keine Anwendung in

der Gerbekunst, aber sie liefert, in Verbindung mit einigen Erden und Metalloxyden, eigne Auflösungen, die als nothwendig erforderliche Beitzmittel zum Färben der Leder, der Saffiane insbesondre, gebraucht werden; sie macht daher einen Gegenstand der Gerbermaterialienkunde aus.

IV. Von der Salzsäure.

§. 246.

Die Salzsäure ist eine Säure eigner Art, welche die Natur sehr häufig im Kochsalze an Natrum gebunden darbietet; deren erzeugende Bestandtheile gegenwärtig noch unbekannt sind. Man gewinnt die Salzsäure, wenn zwey Theile Küchensalz, und 1¼ Vitriolöl, das vorher mit seinem doppelten Gewicht Wasser verdünnt worden ist, in einer gläsernen Retorte mit einander gemengt worden, und das Gemenge bis zur Trockne überdestillirt wird. Die Säure geht hiebey in die Vorlage über; das Natrum bleibt aber, mit Schwefelsäure verbunden, in der Retorte als schwefelsaures Natrum (Glaubersalz) zurück.

§. 247.

Die Salzsäure ist, in ihrem reinen Zustande, farblos, sie besitzt einen eigenthümlichen Geruch, und einen scharfsauren Geschmack. Sie zerstöhrt animalische Substanzen weniger als die Salpetersäure, und zeigt sich gegen dieselben als ein der Fäulniß wiederstehendes Mittel. Sie wird noch gegenwärtig geradezu in der Gerbekunst nicht angewendet, ist aber für die Saffianfärberey, zur Zusammensetzung verschiedener Beizen, unentbehrlich: aus diesem Gesichtspunkte betrachtet, macht sie also einen Gegenstand der Gerber-Materialienkunde aus.

V. Von dem Küchensalze.

§. 248.

Küchensalz, Steinsalz, Meersalz ꝛc. sind wesentlich nicht verschiedene, also völlig ihrer Grundmischung nach mit einander übereinstimmende Substanzen. Das Küchensalz ist ein vollkommnes Neutralsalz, aus Salzsäure und Natrum zusammengesetzt, welches aus den Salzsoolquellen, welche natürliche Auflösungen des Küchensalzes in Wasser ausmachen, durchs Versieden derselben gewonnen wird. Das Meersalz gewinnt man auf eine gleiche Art aus dem Meerwasser. Das Steinsalz, welches auch Sal gemmae und Sal petrae genannt wird, und wegen des letztern Namens mit dem Salpeter nicht verwechselt werden darf, kommt dagegen, in festen Kristallen in ganzen Gebirgen, im Mineralreich vor, ist aber auch oft mit vielen erdigen Theilen durchsetzt, und dadurch verunreinigt.

§. 249.

Reines gutes Küchensalz muß beym Auflösen im reinen Regenwasser keinen Rückstand übrig lassen, und wenn zu seiner Auflösung aufgelöstes Kali oder Natrum gebracht wird, darf nur ein äußerst geringer Niederschlag entstehen. Seine Anwendung zum Einsalzen und Schwitzen der thierischen Häute, macht es zu einem sehr wichtigen Gegenstande der Gerber-Materialienkunde, als welcher es auch allgemein bekannt ist.

VI. Von dem Salmiak.

§. 250.

Der Salmiak ist gleichfalls ein eigenthümliches Neutralsalz, das aus Salzsäure und Ammonium zusammengesetzt ist; und aus diesen Bestandtheilen in den Salmiakfabriken, absichtlich zusammengesetzt wird. Der Salmiak ist in der Hitze vollkommen flüchtig, und diese Eigenschaft wird benutzt, um ihn in verschlossenen Gefäßen in Dämpfen aufzutreiben, oder zu sublimiren, worauf nun das aus der Verdichtung der Dämpfe wieder gebildete feste Produkt, jetzt sublimirter Salmiak genannt wird.

§. 251.

Der Salmiak kommt daher in einer zwiefachen Form im Handel vor: als Salmiak in Broodten (sublimirter Salmiak), und als Salmiak in Hüthen (kristallisirter Salmiak); wozu noch eine dritte Art in losen Kristallen gerechnet werden kann. Sein Geschmack ist scharf und kühlend, beym Auflösen in Wasser erregt er Kälte, und mit Kali oder Natrum zusammen gerieben, verbreitet er sogleich einen durchdringenden flüchtigen Geruch, weil dann das Ammonium (§. 113.) daraus entwickelt wird.

§. 252.

Nach den Ländern wo der Salmiak bereitet worden ist, nennt man ihn bald ägyptischen, bald englischen, bald braunschweigschen, bald preußischen Salmiak; alle diese Arten sind aber, im Zustande der Reinheit, wesentlich nicht von einander verschieden. Auch der Salmiak wird geradezu in der Gerberey nicht angewendet, er ist aber als Hülfsmittel in der Saffianfärberey unentbehrlich, und macht also einen Gegenstand der Gerbematerialienkunde aus.

VII. Von dem Alaun.

§. 253.

Der Alaun ist ein aus dem Mineralreich abstammender salziger Körper, aus Thonerde, aus Schwefelsäure und aus wenigen höchstens 7 Procent schwefelsaurem Kali zusammengesetzt. Er macht also ein erdiges Mittelsalz aus, in welchem die Säure immer etwas vorwaltet. Er erscheint in ziemlich großen Kristallen, die einen süßlich zusammenziehenden Geschmack besitzen, und von welchen ein Theil 18 Theile kaltes (dagegen aber nur 2 Theile siedendes) Wasser erfordert, um vollkommen aufgelöst zu werden.

§. 254.

Der Alaun ist indessen nicht bloß Naturprodukt, sondern hat auf dem Alaunwerken, von welchen man ihn durch den Weg des Handels bekommt, schon eine künstliche Zubereitung erhalten. Man unterscheidet, nach den verschiedenen Ländern in welchen der Alaun fabricirt, und aus welchen derselbe in den Handel gebracht wird: römischen, italiänischen, preußischen oder Freyenwalder, englischen, dänischen, schwedischen Alaun ꝛc. aber alle diese Alaunarten sind, wenn solche eine vollkommen reine Beschaffenheit besitzen, wesentlich gar nicht von einander verschieden.

§. 141.

Der römische Alaun zeichnet sich von allen übrigen Sorten durch kleinere Kristalle aus, die blaßröthlich aussehen, wie mit einem erdigen Staube bedeckt sind, und beym Auflösen im reinen Wasser, eine röthliche thonartige Erde zurücklassen. Man bereitet denselben aus dem sogenannten Alaunstein, einem eignen Alaunerze, des zu Tolfa nahe bey Civita Vechia vorkommt, und eine natürliche Verbindung von Thonerde, Kieselerde, Schwefel, Kali, und wenig Eisen ausmacht. Der Alaunstein wird geröstet, dann mit Wasser ausgelaugt, die Lauge versotten und kristallisirt, da dann das kristallinische Salz den römischen Alaun darstellt.

§. 256.

Der italiänische, oder richtiger neapolitanische Alaun, wird in Solfatara nahe bey Neapel aus einer daselbst sich findenden farbenlosen Thonart gewonnen, welche hier mit der Schwefelsäure durchdrungen wird, welche der brennende Vulkan ausdünstet, in dem sie auf die thonige Lava wirkt. Auch hier ist bloßes Auslaugen und Kristallisiren der Lauge erforderlich, um den fertigen Alaun zu gewinnen.

§. 257.

Die übrigen Alaunarten werden aus den gewöhnlichen Alaunerzen, nach vorhergegangener Röstung derselben, durchs Auslaugen mit Wasser, Versiedung der Lauge, und Niederschlagung derselben mit faulem Urin, oder mit Seifensiederfluß (salzsaurem Kali) zubereitet und gewonnen; und wenn solche vollkommen gut fabrizirt, und nicht mit fremdartigen, nicht zu ihrem Wesen gehörigen Theilen gemischt sind, sind solche auch untereinander selbst nicht im geringsten verschieden.

§. 258.

Die Kennzeichen eines vollkommnen guten und reinen Alauns, so wie solcher sich als Gegenstand der Weißgerberey qualificirt, bestehen im folgenden: 1) er muß in reinen nicht gelben halbdurchsichtigen Kristallen erscheinen; 2) er muß bey einer Temperatur von 15° Reaumür, in 18 Theilen reinem Regenwasser vollkommen lösbar seyn, ohne einen gelben Satz fallen zu lassen; 3) ein in seine Auflösung gelegter Gallapfel, darf nach einem Zeitraum von 10 bis 12 Stunden die Flüssigkeit weder roth noch schwarz färben; im entgegengesetzten Fall enthält der Alaun Eisenvitriol eingemengt, und ist nun für die Weißgerberey völlig untauglich.

§. 259.

Uebrigens giebt es nur einerley Alaun in der Natur, und jeder Alaun ist dem andern, wenn beyde vollkommen rein sind, völlig gleich. Der im Handel vorkommende Alaun ist sich aber nicht immer gleich, sondern selbst dann, wenn derselbe von einem und eben demselben Alaunwerk erhalten worden ist, in Rücksicht seiner Reinheit, oft sehr von einander abweichend.

§ 260

Jener verschiedene Zustand der Reinheit, ist indessen nicht von den Ländern abhängig, worin der Alaun fabricirt worden ist, sondern vielmehr von zufälligen Umständen bey der Fabrikation, so wie den dabey obwaltenden Mängeln. Es gründet sich daher auf Vorurtheil wenn behauptet wird, daß der Englische Alaun einen Vorzug von dem Preußischen, dem Sächsischen, dem Schwedischen, und dem Dänischen behaupte, denn wenn sie gehörig rein und frey von Eisenvitriol sind, sind sie auch unter einander sich alle vollkommen gleich.

VIII. Von dem Eisenvitriol.

§. 261.

Vitriol nennt man gewöhnlich jedes metallische Mittelsalz, welches aus Schwefelsäure und irgend einem Metalloxyd zusammengesetzt ist. Eisenvitriol wird aber ausschließlich diejenige Verbindung genannt, deren bildende Bestandtheile Eysenoyd und Schwefelsäure, im neutralen Zustande ausmachen: richtiger nennt man daher dieses Salz in der Chemie schwefelsaures Eisen, eine Benennung, die seine eigne Grundmischung gleich genau andeutet.

§. 262.

Der Eisenvitriol erscheint in großen Kristallen, die geschobne Würfel bilden, eine hellgrüne Farbe besitzen, sich durch einen zusammenziehenden Geschmack auszeichnen, und im reinen Regenwasser vollkommen lösbar sind. Wenn derselbe aber lange der Luft ausgesetzt ist, dann beschlägt er mit einer gelben Rinde, er giebt nun mit Wasser eine röthlich gelbe Auflösung, und aus dieser fällt eine Portion gelbes Eisenoxyd zu Boden: dies ist eine Folge des Sauerstoffs, welchen der Eisenvitriol nach und nach aus dem Dunstkreise einsaugt, wodurch sein Eisengehalt, der vorher als schwarzes Eisenoxyd mit der Säure verbunden war, nun in rothes Oxyd umgeändert wird, das, weil es jetzt mehr Säure erfordert um gelöst erhalten zu werden, sich nun zum Theil abscheidet: wogegen der übrige auflösliche Theil, nun seine Kristallisirbarkeit verlohren hat.

§. 265.

Man bekommt den Eisenvitriol im Handel unter sehr verschiedenen Beynamen: als englischen, schlesischen, Magdeburger, Goslarschen Vitriol ꝛc. Alle diese Sorten sind aber, wenn sie einen reinen Eisenvitriol, nemlich reines schwefelsaures Eisen, ohne fremdartige Beymischung von Kupfer und Zink ausmachen, wesentlich gar nicht verschieden.

§. 264.

Der Eisenvitriol ist geschickt, in seinem mit Wasser gelösten Zustande, vorzüglich wenn solcher die Beschaffenheit des rothen Eisenvitriols angenommen hat, wie solches ein engländischer Gerber (Herr Ashton) zuerst bewies, thierische Häute, gleich der Eichenrinde, lohgahr zu machen. Eben so besitzt selbiger die Eigenschaft, mit einer Abkochung von Eichenrinde, oder von Erlenrinde, eine schwarze Farbe, zum Färben des Leders zu erzeugen, welches ihm also, als Gegenstand der Gerber-Materialienkunde einen doppelten Platz einräumt.

XI. Von dem Kupfervitriol.

§. 265.

Mit dem Namen Kupfervitriol, auch blauer Vitriol, cyprischer Vitriol, und blauer Galitzenstein, wird ein eignes metallisches Mittelsalz bezeichnet, das aus einer völlig neutralen Mischung von Kupferoxyd und Schwefelsäure zusammengesetzt ist, in Kristallen vorkommt, die geschobene Würfel bilden, und sich durch eine saphirblaue Farbe auszeichnen.

§. 266.

Der Kupfervitriol ist in reinem Wasser vollkommen lösbar, und liefert damit eine Auflösung von saphirblauer Farbe, aus welcher die alkalischen Salze die Säure hinwegnehmen, und das Kupfer als ein blaugrünes Oxyd fällen, welches nach dem Aussüßen und trocknen, als eine grüne Mahlerfarbe (Braunschweigergrün) gebraucht werden kann. Kommt aber die Auflösung des Kupfervitriols mit einer Brühe von Galläpfeln, von Eichenrinde, oder von Erlenrinde in Berührung, so fällt augenblicklich ein rothschwarzer Niederschlag daraus nieder.

§. 167.

Der Kupfervitriol wird zwar für sich in der Gerberey nie gebraucht, aber wenn solcher in Verbindung mit dem Eisenvitriol angewendet, und die gemeinschaftliche Auflösung, mit Abkochung von abstingirenden Pflanzenstoffen (§. 266.) in Berührung gebracht wird, so sind die hiedurch erzeugten schwarzen Farben viel satter und schwärzer als sonst.

§. 268.

Dergleichen natürliche Verbindungen des Kupfervitriols mit dem Eisenvitriol, kommen im Handel, unter dem Namen des Salzburger Vitriols, so wie des Atmünter Vitriols vor, die sich daher auch durch eine blaugrüne Farbe auszeichnen, und zur Hervorbringung schöner schwarzer Farbe, viel geschickter sind, als reiner Eisenvitriol oder reiner Kupfervitriol für sich.

X. Von dem salzsauren Zinn.

§. 269

Das reine metallische Zinn wird, durch Hülfe des Siedens in einem gläsernen Kolben, von der reinen Salzsäure (§. 246.) bis auf eine geringe Quantität eines schwarzen pulverigen Rückstandes aufgelöset, und liefert damit eine farbenlose, ätzend schmeckende Auflösung, die also ein aus Zinnoxyd und Salzsäure zusammengesetztes metallisches Mittelsalz dargestellt, welches in diesem Zustande salzsaures Zinn genannt wird, durch langsames Abdunsten aber auch als eine weiße kristallinische, an der Luft leicht zerfließbare Substanz, in trockner Form dargestellt werden kann.

§. 270.

Noch schneller wird aber das Zinn schon in der Kälte aufgelöst, wenn solches in eine Verbindung von 3 Theilen Salzsäure und einen Theil Salpetersäure eingetragen wird. Das Produkt einer solchen Vermengung von jenen beyden Säuern, wird Königswasser (Aqua Regis) genannt; eine Benennung, die man ihm schon in alten Zeiten aus dem Grunde gegeben hat, weil solches ein Auflösungsmittel des Goldes ausmacht, und weil das Gold in ältern Zeiten der König der Metalle genannt würde.

§. 271.

Jene beyden Zinnauflösungen sind indessen in ihrer Wirkung fast gar nicht verschieden. Sie haben aber die Eigenschaft, die Pigmente oder färbenden Stoffe aus verschiedenen Substanzen zu binden, und solche auf thierische Häute zu befestigen. Daher werden sie in der Saffianfärberey als unentbehrliche Hülfsmittel angesehen, und machen also aus diesem Grunde Gegenstände der allgemeinen Gerber-Materialienkunde aus.

Zweyte Abtheilung.

Von der Gerber-Botanik.

§. 272.

Nachdem in der vorigen Abtheilung diejenigen Gerbe-Materialien abgehandelt worden sind, welche ihre Abkunft dem Mineralreich verdanken, und daher Gegenstände der Gerber-Mineralogie ausmachen, komme ich nun zur Betrachtung derjenigen, welche ursprünglich aus dem Pflanzenreich abstammen, und daher das Wesentliche der Gerber-Botanik in sich begreifen.

§. 273.

Die Gegenstände der Gerber-Botanik lassen sich füglich unterscheiden: a) in rohe, und b) in zubereitete.

Zu den erstern gehören alle diejenigen Substanzen, welche, wie sie uns aus dem Pflanzenreiche dargeboten werden, ohne wesentliche Veränderung durch die Kunst in der Gerberey angewendet werden: als Eichenrinde und alle übrige gerbende Pflanzen; zu den letztern gehören hingegen diejenigen in der allgemeinen Gerberey erforderlichen Materialien, welche durch eine künstliche Behandlung, aus den Produkten des Pflanzenreichs dargestellt worden sind: als Pottasche, Sauerwasser ꝛc.

§. 174.

Außer den Galläpfeln, der Eichenrinde, der Birkenrinde, dem Schmack, den Knoppern ꝛc., welche in verschiedenen Ländern gegenwärtig ausschließlich als Gerbematerialien in der Lohgerberey angewendet worden, gehören hieher noch viele andere, welche mit eben so großen Nutzen in selbiger angewendet werden können, und aus dem Grunde für die Lohgerberey nie einen Mangel an brauchbaren Gerbe-Materialien befürchten lassen.

§. 275.

Ob unter den mannigfaltigen Pflanzenstoffen, welche uns von der Natur dargeboten werden, dieser oder jener sich als Material zum Gerben qualificirt, hängt von seiner Grundmischung ab: nemlich ob und wie viel dieses Material an eigenthümlichem Gerbestoff (§. 194.) in seiner Grundmischung oder unter seinen Gemengtheilen enthält: denn hiernach allein richtet sich seine gerbende Wirkung.

§. 276.

Um ein oder das andere Material, in Hinsicht seines Gehaltes an Gerbestoff zu prüfen, kann nach einem sehr einfachen Wege folgendermaßen verfahren werden.

a) Man wiegt z. E. acht Loth der zu prüfenden Substanz, im gepülverten Zustande genau ab, und laugt sie nun mit mäßig warmem Wasser so oft aus, als dieses noch einen Geschmack davon annimmt; worauf die flüssige Extraktion durch graues Löschpapier filtrirt wird.

b) Eben so macht man eine Auflösung von einem Pfunde gutem reinen Tischlerleim, in eilf Pfund Wasser, von welcher Auflösung also zwölf Loth, allemal ein Loth Leim gelöst enthalten.

§. 277.

Mit jener Leim-Auflösung können nun die Quantitäten des Gerbestoffs, welche verschiedene gerbende Vegetabilien bey gleichen Gewichten enthalten, folgendermaßen erforschet, und gegen einander verglichen werden.

a) Man gießt von einer abgewogenen Quantität der Leim-Auflösung, in die flüssige Extraktion der Pflanzensubstanz, nach und nach, hinzu: es wird bey jedem Zugießen eine Trübung erfolgen, und ein Niederschlag zu Boden fallen.

b) Wenn beym fernern Zusatze der Leim-Auflösung keine Trübung und Niederschlagung mehr statt findet, dann ist der Prozeß beendiget, und der in der Auflösung enthalten gewesene Gerbestoff, liegt nun mit dem Leim verbunden, als eine zähe elastische Substanz (§. 199.) am Boden des Gefäßes. Wird die übrige nicht verbrauchte Leim-Auflösung zurück gewogen, so erfährt man, wie viel von selbiger erforderlich war, um allen Gerbestoff aus der Substanz niederzuschlagen.

§. 278.

Nun habe man z. B. von 4 oder 9 dergleichen gerbenden Pflanzen, von jeder 8 Loth mit Wasser extrahirt. Die eine Extraxtion habe 16 Loth, die andern 12 Loth, die dritte 8 Loth, und die vierte 6 Loth von der Leimauflösung erfordert, um den Gerbestoff daraus niederzuschlagen so werden sich ihre gerbenden Eigenschaften gegen einander verhalten: wie 16 zu 12 zu 8 zu 4; folglich wird die erstere bey gleichen Gewichten viermal, die zweite dreymal, und die dritte zweymal mehr Gerbestoff als die vierte enthalten; und hiernach richten sich dann auch ihre gerbenden Wirkungen.

§. 279.

Bey jenen Versuchen geht der Gerbestoff mit der animalischen Gallerte, woraus der Leim besteht, in Mischung, und diese fällt nun gegerbt unauflöslich zu Boden. Die Gallussäure, so wie die anderweitigen Gemengtheile, als Gummi, Schleim rc. welche etwa in der gerbenden Substanz enthalten, und bey den Extraktionen mit dem Wasser zugleich aufgelöst worden waren, bleiben dann aber aufgelöst zurück.

Nähere Beschreibung der gerbenden Vegetabilien.

§. 280.

Die gerbenden Vegetabilien, nemlich die Gerbe-Materialien des Pflanzenreichs, sind also alle diejenigen, welche, nebst anderweitigen Gemengtheilen, vorzüglich den Gerbestoff reichlich enthalten, der darin aber selten ohne Beymischung von Gallussäure vorkommt, deren Eigenschaften und Darstellung, unter den in der Gerbekunst wirkenden Pflanzensäuren, fernerhin näher beschrieben werden soll. Jene Substanzen, als Gegenstände der Gerber-Materialienkunde, sollen nun hier einzeln näher beschrieben werden.

I. Von den Galläpfeln.

§. 281

Die Galläpfel oder Gallen, welche in unsern Gegenden vorzüglich zur Gerbung des Saffians und Corduans angewendet werden, gehören zu denjenigen Substanzen, in welchen der Gerbestoff am reinsten, bloß mit Gallussäure gemengt, vorhanden liegt, und nach der (§. 196) angegebnen Art, daraus abgeschieden werden kann.

§. 282.

Ihrer Natur und Abstammung nach, bestehen die Galläpfel in besondern, meist runden Auswüchsen, welche durch den Stich eines kleinen Insekts, bey uns in die Blattstiele der gemeinen Eiche (quercus Robur), in der Levante in Spanien, in Frankreich, in Italien, und in Oesterreich aber, in die Blattstiele der daselbst wild wachsenden

Cer-

Cerreiche (quercus Cerris) veranlasset, so wie aus dem dadurch zum Ausfließen gebrachten, und allmählich aufgetrockneten Safte dieses Baums erzeugt und gebildet werden.

§. 283.

Jenes Insekt, welches Gallinsekt (Cynips Quercus) genannt wird, ähnelt einer jungen Fliege. Dasselbe ist klein, und mit vier häutigen Flügeln versehen. Das Weibchen dieses Insekts, besitzt an der Spitze des Schwanzes einen feinen Stachel, mit welchem solches die zarten Theile der Eiche, vorzüglich die Blätter und Blattstiele durchbohrt, und wenn dieses geschehen, in die dadurch gebildete Oeffnung, ein kleines Ey legt. Durch jene Verletzung, wird der Saft des Baumes nach den verwundeten Stellen häufiger hingezogen, und diese dadurch mehr ausgedehnt: so bildet sich daselbst anfangs ein kleiner Knoten, der nach und nach immer größer wird, und diejenige Concretion erzeugt, die man nun einen Gallus oder Gallapfel nennt.

§. 284.

So wie dieser Gallapfel an seinem äußern Umfange und seiner innern Masse nach und nach immer mehr zunimmt, so erleidet auch das in seinem Innern, gewöhnlich seinem Mittelpunkt eingeschlossene Insekten-Ey, nach und nach eine zunehmende Vervollkommung. Dasselbe wird nun in einen kleinen Wurm oder vielmehr in eine Made verwandelt, welche hierauf zu einer Puppe wird, aus der sodann das der Mutter ähnliche, geflügelte Insekt hervorkommt. So findet man jenes kleine lebende Insekt in den Gallapfel gewöhnlich eingeschlossen, wenn solcher im noch frischen grünenZustande abgenommen und behutsam aufgeschnitten wird; und auch in den trocknen Galläpfeln liegt solches, wenn sie nicht mit Löchern durchbohrt sind, wie man beym Aufschlagen derselben sehen kann. Wenn die Galläpfel aber nicht frühe genug abgenommen und getrocknet werden, dann bohrt jenes kleine Insekt sich durch sie hindurch, entfliehet, und läßt nun den Apfel durchlöchert zurück.

§. 285.

Die Galläpfel findet man gewöhnlich von der Größe einer Haselnuß bis zu der einer Wallnuß. Sie sind bald glatt, bald mit vielen Warzen und Knoten versehen. Ihre Farbe ist bald schwarzgrau, bald röthlich, bald grünlich, bald gelblich. Im Innern bestehen sie aus einer fast schwammigen Substanz, die sich durch einen eigenthümlichen Geruch und einen sehr zusammenziehenden Geschmack auszeichnet. In der Mitte findet man allemal eine runde Höhlung, in welcher gar oft, bald die Made, bald die Puppe, bald das völlig ausgebildete Gall-Insekt aufgetrocknet gefunden wird.

§. 286.

Die Galläpfel, selbst dann, wenn sie von einer und eben derselben Eichenart gewonnen worden sind, unterscheiden sich dennoch nach den verschiedenen Ländern, aus welchen man selbige erhielt. Die besten Galläpfel sind die Türkischen oder Levantischen (Gallae Turcicae); und von diesen giebt man insbesondere den Aleppischen (Gallae de Aleppo) den Vorzug. Diese letztern werden aus Aleppo, aus Tripolis, aus Smirna, und aus Mohul durch den Weg des Handels zu uns gebracht. Sie sind gemeinhin klein, sehr schwer, höckerig, beynahe stachlicht, äußerlich grauschwarz, und ihr innerer Kern braun von Farbe. Diesen stehen die Spanischen, die Französischen, und die Oestreichischen nach, welche gemeiniglich größer, leichter, und heller von Farbe sind. Die schlechtste Art der Galläpfel machen die Deutschen, nemlich die bey uns an den Blattstielen der gemeinen Eiche vorkommenden aus. Sie sind die größten unter allen, ihre äußere Farbe ist gelbgrau, ihre Oberfläche meist glatt, und ihr Kern ist weißgelb.

Chemische Eigenschaften der Galläpfel.

§. 287.

Die Galläpfel sind im reinen Wasser, vorzüglich aber im siedenden Wasser fast völlig lösbar. Der Alkohol (§. 162.) löset hingegen leichter die Gallussäure als den darin enthaltenen Gerbestoff auf, und stellt damit eine braunrothe durchsichtige Tinktur dar, welche Gallustinktur genannt wird. Diese Gallustinktur ist daher größtentheils Gallussäure, mit wenigen färbenden extraktiven Theilen verbunden. Werden die zerstoßenen Galläpfel, ohne weitern Zusatz, einer trocknen Destillation unterworfen, so gewinnt man in der Vorlage: 1) ein säuerliches gar nicht übelriechendes Wasser; und 2) ein trocknes sauerschmeckendes Salz; 3) etwas brenzliches

Oel; und im Rückstande bleibt eine Kohle zurück. Jene sauersalzige Substanz ist gleichfalls Gallussäure, und sie besitzt, gleich der Gallustinktur, die Eigenschaft die meisten Metalle, und das Eisen insbesondere (letzteres allemal schwarz,) aus der Auflösung in andern Säuren niederzuschlagen. Was nach der Extraktion der Galläfel mit Alkohol unaufgelöst zurück bleibt, ist fast gröstentheils Gerbestoff, und kann als solcher benutzt werden.

II. Von den Knoppern.

§. 288.

Die Knoppern, welche vorzüglich in Ungarn in Oesterreich und in Steyermark, in der Lohgerberey sehr häufig benutzt werden, folgen in ihrem Gehalt an Gerbestoff, so wie den davon abhängenden gerbenden Wirkungen, unmittelbar auf die Galläpfel, und werden auch auf eine ähnliche Art, wie jene, erzeugt.

§. 289.

Die Knoppern machen eine besondere Art Galläpfel aus, welche wie jene, durch den Stich eines kleinen geflügelten Insekts, aber nicht in die Blätter und Blattstiele, sondern an den noch jungen Kelchen der Früchte oder Eicheln, vorzüglich der Sommer- und Wintereiche, erzeugt werden; und daher auch mit dem Kelch der Eichel allemal zusammenhängen. Uebrigens bestehen sie aber gleichfalls gröstentheils aus dem durch jenen Stich hervorgetretenen und ausgetrockneten Safte des Eichenbaums: sie enthalten also, gleich den Galläpfeln, Gerbestoff und Gallussäure in ihrer Mischung.

§. 290.

Gewöhnlich erhält man die Knoppern aus Ungarn, sie werden aber auch in den Oesterreichschen, Steiermärkschen, und Schlesischen Eichenwäldern gesammlet. Eine sehr feine Art Knoppern kommt aber unter dem türkischen Namen Bazgendya aus Natolien, die man also türkische Knoppern nennen kann. Die Knoppern unterscheiden sich indessen auffallend von den Galläpfeln dadurch, daß solche nicht kugelförmig wie jene, sondern unförmlich, eckig, größer und dichter sind.

III. Von den orientalischen Knoppern.

§. 241.

Außer den gewöhnlichen wirklichen Koppern, gehören hieher auch noch die sogenannten orientalischen Knoppern, welche aber keinesweges wahre Knoppern sind, sondern bloß in den Kelchen einer besondern Art sehr großer Eicheln bestehen. Der Baum, welcher die orientalischen Knoppern liefert, wird Ziegenbarth-Eiche (Quercus aegilops) genannt. Er wächst vorzüglich auf den griechischen Inseln Samos, Cypern und Smirna, und wird von den Griechen Velodina, die Früchte oder Eicheln aber, die er trägt, werden Velani genannt. Der Kelch, welchen die Ziegenbarth-Eiche producirt, besitzt oft die Größe eines mäßigen Apfels, und ist äußerlich mit scharfen Schuppen versehen. Die Frucht oder Eichel selbst, sitzt ganz im Kelche eingeschlossen, dessen Rand mit der Eichel von gleicher Höhe ist, und kaum so viel Oeffnung hat, daß jene nach erhaltener Reife herausfallen kann.

IV. Von dem Schmack oder Sumach.

§. 292.

Der Schmack (richtiger Sumach) bestehet in einer eigenthümlichen, klein gemahlen vielen Gerbestoff enthaltenden Pflanze, welche in der Botanik Gerberbaum oder Gerber-Sumach (Rhus coriaria) genannt wird. Jene Pflanze ist ein Strauchgewächs, das in Syrien, in der Levante und in Palästina wild wächst, in Spanien, in Italien, in Portugall und in Frankreich aber, namentlich bey Montpellier, absichtlich und mit Sorgfalt gebauet wird, weil der davon gewonnene Schmack einen bedeutenden Handelsartikel ausmacht.

§. 293.

Der Gerber-Sumach ist eine perrennirende Pflanze, die, wenn solche einmal ausgesäet ist, viele Jahre geerndet werden kann. Sie treibt alle Jahre neue Zweige aus der Wurzel hervor, welche bis auf die Wurzel abgeschnitten, dann sammt den daran sitzenden Blättern getrocknet, und auf dazu bestimmten Mühlen, zu einem gröblichen Pulver zermahlen werden, welches nun unter dem Namen Schmack in den Handel kommt.

§. 294.

Der Schmack, so wie solcher im Handel vorkommt, ist bald gelbbraun bald gelbgrün von Farbe, letztern hält man für den besten. Er besitzt einen eigenthümlichen

Geruch, und sehr zusammenziehenden Geschmack. Er enthält gleichfalls Gerbestoff und Gallussäure unter seinen Bestandtheilen, und zwar mehr von dem erstern als von der letztern; und wird vorzüglich in der Saffiängerberey sehr häufig angewendet.

V. Von dem virginischen Schmack.

§. 295.

Von dem gewöhnlichen, eigentlich levantischen Schmack verschieden, ist der virginische. Dieser bestehet in den verkleinerten Zweigen und Aesten des virginischen Sumachs (Rhus typhinum), einer Pflanze die auch bey uns wild wächst, und gewöhnlich zu einem hohen Baum emporschießt, der ein rauches wolligtes Blatt trägt, und eine rothe, mit einem sauern Saft gefüllte Fruchtbeere hervorbringt. Ich habe mit der Rinde und den jungen Zweigen dieses virginischen Schmacks, sehr viele Versuche in Hinsicht seiner gerbenden Kraft angestellt *), ihn aber immer nur schlecht gefunden, so daß um 1 Pfund trockne, rohe Haut zu gerben, wenigstens 10 Pfund erfordert wurden, und die Haut fiel in Hinsicht auf ihre Farbe nur schlecht aus. Wie sich die gemahlnen Blätter desselben verhalten, ist indessen noch nicht von mir untersucht worden.

---

*) Hermbstädts Journal für Lederfabrikanten rc. 1r Band. Berlin 1803. S. 57 rc.

VI. Von dem Perücken-Sumach.

§. 296.

Hieher gehört auch noch der sogenannte Perücken-Schmack; dieser besteht in den verkleinerten jungen Zweigen und Blättern, des ursprünglich in der Levante einheimischen, aber auch in Spanien, in Kärnthen, und selbst bey uns wachsenden sogenannten Perückenbaums (Rhus Cotinus) einem strauchartigen, niedrigen Bäumchen, das oft zur Zierde in Gärten gezogen wird. Die Blätter von diesem Sumach enthalten noch mehr Gerbestoff, wie die Zweige. Er wird vorzüglich zum Gerben der Saffiane angewendet, und qualificirt sich hiezu auch vorzüglich, weil solcher die Häute nicht färbt, daher denn auch die darauf getragnen Farben keine Nüancirung erleiden.

VII. Von der Eichenrinde oder Eichenborke.

§. 247.

Die Eichenrinde oder Eichenborke, welche im gemahlnen Zustande Eichenlohe genannt wird, gehört zu denjenigen Materialien, welche zur Lohgahrmachung des Ober- und Unterleders, in unsern deutschen Lohgerbereyen am allergewöhnlichsten und häufigsten angewendet werden. Die Eichenlohe ist sich indessen in ihrer gerbenden Wirkung nicht immer gleich, sondern diese hängt von der Quantität des Gerbestoffs ab, welchen sie enthält. Jener Gehalt des Gerbestoffs richtet sich aber wieder: theils nach der specifiken Art des Eichenbaums, von welchem die Lohe gewonnen worden ist theils nach der Jahreszeit, in welcher der Baum gefället, und die Lohe abgeblatet worden ist; theils nach dem Alter des Baums, von welchem sie gewonnen wurde: sie verdient daher in rationeller Hinsicht, hier eine ausführliche Beschreibung.

§. 298.

Von der Eiche (Quercus) kennt die allgemeine Botanik sehr verschiedene Arten, welche sämmtlich sowohl in der Rinde, als im Holze und in den Blättern, ja selbst in den Früchten vielen Gerbestoff enthalten, und also nach allen ihren Theilen Gegenstände der Lohgerberey ausmachen. Die meisten dieser Eichenarten sind zwar bey uns nicht einheimisch, kommen aber in unserm Clima recht gut fort; es läßt sich erwarten, daß solche nach und nach in den deutschen Forsten immer häufiger angebauet werden, und sie verdienen also einstweilen, wenigstens die wichtigern derselben, hier beschrieben zu werden, damit sie späterhin schon bekannt seyn mögen.

§. 299.

Zu diesen einheimischen und fremden Eichenarten gehören vorzüglich; 1) die gemeine Sommer und Winter-Eiche (Quercus robur) 2) die Nordamerikanische rothe Eiche (Quercus rubra); 3) die weiße Eiche (Quercus alba); 4) die kastanienblättrige Eiche (Quercus prinos).

a) Die gemeine Sommer- und Winter-Eiche.

§. 300.

Die bey uns vorzüglich einheimischen, wild wachsenden

Sommer- und Winter-Eichen, sind sehr wenig von einander abweichend, so daß beyde von den meisten Botanikern für einerley Art gehalten werden. Die bemerkbarsten Unterscheidungsmerkmahle sollen indessen hier näher angegeben werden, sie bestehen in folgendem:

1) Die Sommer-Eiche, welche auch Früheiche, Haseleiche, Stielwaldeiche rc. genannt wird, hat einen schnellen Wuchs, und dunkelgrünes Laub; ihre Früchte besitzen lange Fruchtstiele, und stehen entweder einzeln, oder doch nur in Gesellschaft von 2 oder höchstens 3 bey einander, und werden schon im September völlig reif.

2) Die Winter-Eiche, welche auch Steineiche, Viereiche, Traubeneiche, Rotheiche, Loheiche, Knoppereiche, und Dürreiche genannt wird, trägt länglichte, am Rande tief eingeschnittene Blätter, die oberwärts grün glänzend, unterwärts aber heller und matter sind, auch später als bey der Sommereiche ausbrechen. Die Früchte sitzen auf sehr kurzen Blattstielen, oder liegen vielmehr fast glatt auf; sie stehen, bey 4 und 6, traubenartig neben einander, und nehmen erst im November ihre völlige Reife an.

b. Die Nordamerikanische rothe Eiche.

§. 301.

Die Nordamerikanische, rothe Eiche wächst vorzüglich häufig in Virginien wild, ist aber auch bey uns schon mit glücklichem Erfolg angebauet worden. Dieser Baum wächst so schnell, daß derselbe in seinem Stamm schon nach zehn Jahren einen Durchmesser von 10 bis 11 Zoll, und eine Höhe von 30 Fuß erreicht. Das Holz desselben ist zwar nicht so fest als das von andern Eichenarten, aber seine Rinde ist reich an Gerbestoff, und dieser Baum verdient daher sehr beachtet zu werden.

c. Die weiße Eiche.

§. 302.

Die weiße Eiche, welche gleichfalls in Nordamerika einheimisch ist, und eine zum Gerben brauchbare Rinde liefert, kommt in Hinsicht der Blätter mit unsrer gemeinen Eiche ziemlich überein, zeichnet sich aber dadurch von derselben aus, daß die Blätter an ihrem Gipfel rund um denselben herum gestellt sind.

d. Die kastanienblättrige Eiche.

§. 303.

Die kastanienblättrige Eiche ist gleichfalls ein nordamerikanisches Produkt, sie kommt aber auch bey uns gut fort, und liefert eine vorzüglich gut gerbende Rinde. Der Baum wächst sehr hoch, bekommt einen großen Durchmesser, und die Früchte sind sehr groß.

§. 304.

Von den hier genannten Eichenarten sind eigentlich alle Theile, nemlich Rinde, Holz, Blätter und Früchte als Gerbematerial zu gebrauchen; aber man bedient sich der Rinde ausschließlich, wenigstens für jetzt noch; zu welchem Behuf selbige von den gefälleten Eichenbäumen abgeblatet, nach dem Trocknen auf den dazu bestimmten Lohmühlen zermahlen, und in diesem gemahlenen Zustande Lohe genannt wird: eine Benennung, die man jedoch auch jedem andern verkleinerten Gerbematerial beyzulegen gewohnt ist.

§. 305.

Die Rinde von einer und eben derselben Art Eiche, ist sich indessen, in ihrem Gehalt an Gerbestoff, nicht immer gleich; und eben so verhält sich der Gerbestoff, in ihnen verschieden, wenn sie zu verschiedenen Jahreszeiten gefället worden sind. Die Herrn Biggin *) und Davy **), welche hierüber sehr interessante Versuche angestellt haben, fanden, und zwar ersterer: daß wenn der Gehalt des Gerbestoffes in einem aus einer bestimmten Quantität Eichenrinde, die nach dem Fällen des Baumes im Winter gewonnen worden war, 30 betrug, eine gleiche Quantität der Rinde von der im Frühling gefälleten Eiche 108 ausmachten, so daß also die Rinde der im Frühling gefälleten Bäume beynahe $2\frac{2}{3}$ mal mehr Gerbestoff enthält, als die

---

*) George Biggin: Versuche über die Quantität des gerbenden Stoffes, und der Gallussäure die in den Rinden verschiedener Bäume enthalten sind.

**) Humphry Davy: Versuche und Beobachtungen, über die Bestandtheile einiger zusammenziehender Substanzen und ihre Wirkung beym Gerben. (Beyde Abhandlungen sollen im zweyten Bande meines Journals für Lederfabrikanten geliefert werden).

von den im Winter gefälleten, welches die größte Aufmerksamkeit verdient.

§. 306.

So hat ferner Herr Davy gefunden, daß das Verhältniß des gerbenden Stoffes in den gerbenden Baumrinden überhaupt, nach ihrem Alter und ihrer Stärke, beträchtlich abweicht. In allen gerbenden Rinden enthält, seiner Beobachtung zufolge, der innere weiße dem Splint zunächst befindliche Theil, den meisten Gerbestoff; weniger davon enthält der mittlere gefärbte Theil; und die Oberhaut am allerwenigsten. Da nun die weißen Rindenfasern bey jungen Bäumen viel häufiger sind als bey alten, so enthält auch die Rinde derselben, in Vergleich mit der von alten Bäumen, bey gleichen Gewichten, vielmehr Gerbestoff als die von jenen; ja selbst Bäume von verschiedenem Alter, aber derselben Art, enthalten in ähnlichen Theilen, wenn sie zu gleicher Zeit gefället worden sind, auch immer dieselbe Menge Gerbestoff.

§. 307.

So fand Davy, daß wenn er 2 Loth von der weißen innern Rinde einer alten Eiche vollkommen mit Wasser extrahirte, und die Extraktion zur Trockne verdünstete, die trockne Masse 108 Gran wog, und 72 Gran *) Gerbestoff enthielt. Zwey Loth derselben Rinde von einer jun-

*) Ein Pfund hält 32 Loth, ein Loth 240 Gran; folglich ist 1 Gran der 240ste Theil eines Lothes.

gen Eiche, lieferten ihm 111 Gran trocknes Extrakt, und dieses enthielt 77 Gran Gerbestoff. Zwey Loth der gefärbten äußern Rinde der Eiche, lieferten nur 43 Gran trocknes Extrakt, und dieses enthielt 19 Gran Gerbestoff. Zwey Loth ganze Rinde, wovon Stücke ausgesucht wurden, die sich in Hinsicht des Verhältnisses der innern und äußern Theile glichen, und die Dicke eines halben Zolls besaßen, wie solche gewöhnlich zum Gerben angewendet werden, lieferten 61 Gran trocknes Extrakt, und dieses enthielt 29 Gran Gerbestoff.

§. 308.

Jene Erfahrungen, welche nicht allein auf die Eichenrinde, sondern auch auf alle übrige gerbende Rinden passen, sind für die Gerberey im allgemeinen von der größten Wichtigkeit: denn es folgt hieraus, daß die Rinde der Eichenbäume, welche im Frühling gefället worden sind, beynahe viermal soviel Gerbestoff enthält, als die von den im Winter gefällten Bäumen; und dieses allein giebt uns ein sicheres Mittel an die Hand, den merkantilischen Werth solcher Rinden, als Gerbematerial richtig zu taxiren; der dann noch steigen wird, wenn die Rinde von jungen Stämmen, oder von den Zweigen der alten gewonnen worden ist.

VIII. Von den Eichenblättern.

§. 309.

Die Eichenblätter, welche bisher fast gar nicht benutzt worden sind, enthalten gleichfalls sehr viel Gerbestoff, wie solches George Swayor *) zuerst bewiesen hat. Bey meinen eignen Versuchsarbeiten über diesen Gegenstand, bedlente ich mich der frisch gesammleten und getrockneten Blätter der gemeinen Sommer- und Wintereiche **). Sie wurde zu einem gröblichen Pulver zermahlen, das gemahlne dann mit reinem Flußwasser vollkommen extrahirt, und mit diesen Extrakte die Gerbung des Leders veranstaltet. Es ergab sich daraus, daß für ein Pfund trockene rohe Thierhaut, 10 Pfund Blätter zur Lohgarmachung erfordert wurden.

IX. Von den Früchten der Eiche oder den Eicheln.

§. 310.

Selbst die Früchte der Eichen, die sogenannten Eicheln oder Eckern, enthalten den Gerbestoff, und qualificiren sich als Gerbematerial. Um solche in dieser Hinsicht zu prüfen, wurden die im Herbst gesammelten Früchte der Winter und Sommereiche an der Luft getrocknet, dann zu einem gröblichen Pulver zermahlen, und mit selbigem die Gerbung des Leders veranstaltet. Diese erfolgte sehr gut, und gegen ein Pfund trockne rohe Haut, wurden nicht mehr als $6\frac{1}{4}$ Pfund gemahlne Eicheln erfordert. ***). Hiebey

---

*) George Swayors Bemerkungen über die Eichenblätter zum Gerben des Leders. In Hermbstädts Journal für Lederfabrikanten 1r Band. Berlin 183. S. 175. :c.

**) Hermbstädt über denselben Gegenstand. Ebendaselbst S. 56. :c.

***) Hermbstädts Jonrnal für Lederfabrikanten :c. 1r Bd. S. 54 :c.

machte ich aber die Bemerkung, daß wegen des vielen Mehl- und Zuckerstoffs, welchen die Eicheln enthalten, besonders bey einer etwas hohen Temperatur der Atmosphäre, die gerbende Masse leicht in eine geistige und saure Gährung übergeht, welches der Arbeit allerdings recht sehr ungünstig ist.

X. Von der Birkenrinde.

§. 311.

Die Birke (Betula) ist ein der Lohgerberey sehr nützlicher Baum. Er enthält sowohl in seiner Rinde als in seinem Holze vielen Gerbestoff: und die erstere liefert, wenn solche einer trockenen Destillation unterworfen wird, außer einer wäßrigen brenzlichen Säure, ein brenzliches Oel, welches in Rußland häufig verfertigt, und zum Eintränken der Juftenleder gebraucht wird. Auch von der Birke unterscheidet die Botanik mehrere Arten, deren Rinde sämtlich mit Nutzen in der Gerberey angewendet werden kann. Von diesen sollen hier vorzüglich diejenigen näher erwähnt werden, welche bey uns gut fortkommen; und dahin gehören:

a) Die weiße Birke (Betula alba), ein bey uns sehr bekannter Baum, der sich durch seine weiße Rinde auffallend auszeichnet. Von diesem Baum macht vorzüglich die innere schwarze Rinde ein sehr nützliches Gerbematerial aus.

b) Die nordamerikanische schwarze Birke (Betula nigra). Sie kommt in unsern Forsten sehr gut fort, und unterscheidet sich von der vorigen durch

ihre

ihre schwarze Rinde, und die viel größern Blätter, die am Rande große sägeartige Zähne haben, die wieder mit feinen sägeartigen Einschnitten eingekerbt sind.

c) Die nordamerikanische zähe Birke (Betula lenta), welche gleichfalls bey uns fortkommt, und sich durch die mehr herzförmigen ausgezackten, in eine längere Spitze auslaufenden etwas größern und weichern Blätter, von der unsrigen auszeichnet.

d) Die Eller oder Erle (Betula Alnus), welche gern an sumpfigen Oertern wächst, und sich durch ihre Blätter, die wechselsweise gestellt, ziemlich rund und breit, und rundlich ausgekerbt sind, eine schwarzgrünliche Farbe besitzen, und sich klebrig anfühlen, vorzüglich auszeichnet. Ihre Rinde ist ein ganz vorzügliches Gerbematerial.

XI. Von der Fichtenrinde.

§. 312.

Die Fichtenarten (Pinus) deren es mehrere giebt, liefern sowohl in ihrer Rinde als in ihren Saamenkapseln, ein sehr gutes Gerbematerial, für Ober- und Unterleder. Es ist aber nöthig, daß die Rinde von den mittlern und kleinern Stämmen benutzt wird; von den ältern und stärkern ist sie nie so gut. Am besten ist es, wenn die Bäume in der Saftzeit während des Triebes gefällt, und dann gleich geschält werden. Vorzüglich gehören hieher:

a) Der Kienbaum oder die Kiefer (Pinus sylvestris), wovon bey uns ganze Wälder vorkommen. Er zeichnet sich durch seine Blätter aus, welche immer Paarweise in einer Scheide stecken. Auch dessen Samenkapseln (die Kienäpfel) sind außer seiner Rinde als Gerbematerial sehr brauchbar.

b) Die Weißtanne oder Edeltanne (Pinus Picea), welche vorzüglich auf den Alpen in der Schweiz, in Frankreich, Böhmen ꝛc. aber auch in Deutschland wächst, und über 150 Fuß hoch wird. Die Nadeln dieses Baums kommen einzeln an allen Seiten der Zweige hervor.

c) Die gemeine rothe Tanne (Pinus Abies), welche bey uns sehr häufig ist. Ihre einzelnen Blätter treiben aus schmalen schuppenartigen Erhebungen hervor, und stehen so an den Aesten, daß sie zusammen genommen mit ihren Spitzen einen belaubten Ast, als einen walzenförmigen Körper darstellen. Sie sind hellgrün, vierseitig, einen halben Zoll lang, steif, spitzig, und am Ende etwas gekrümmt. Sowohl die Rinde als die Samenkapseln (die Tannäpfel) sind zur Gerberey geschickt. Die Rinde dieses Baums wird vorzüglich beym jamtländischen Leder angewendet.

XII. Von der Ebereschen Rinde.

§. 313.

Der Ebereschen Baum (Sorbus aucuparia), auch Quitschernbaum, Vogelbeerbaum ꝛc. genannt, welcher in unserer Gegend so häufig wächst, zeichnet sich in Hinsicht seiner Rinde, als ein ganz vorzügliches Gerbematérial aus, dessen Stelle auch die jungen Zweige schon ersetzen können. Meine eigne Erfahrungen *) mit der im Herbst gesammleten Rinde haben mir bewiesen, daß diese Rinde $\frac{1}{7}$ mehr Gerbestoff enthält, als die Eichenrinde, und daß das damit gegerbte Leder vorzüglich schön ausgefällt.

XIII. Von der Weidenrinde.

§. 314.

Die Weide (Salix) ist ein bey uns sehr gemeiner, überaus häufig wachsender Baum, wovon in der Botanik sehr viele Arten bekannt sind, deren Rinde sämtlich Gerbestoff enthält, wenn sie nur von jungen Bäumen und Zweigen, und nicht von alten zum Theil abgestorbenen Stämmen geerndtet wird. Die Weidenrinde gerbt die Häute sehr gut, ohne solche sonderlich zu färben. In Dännemark werden damit Hammel- und Ziegenfelle gegerbt, und sie stellen nun das sogenannte dänische Leder dar. Aber auch die dicksten Sohlhäute werden dadurch vollkommen lohgahr, wie ich mich durch eigne Erfahrung überzeugt habe. Die vorzüglichsten zur Gerberey geschickten Arten dieses Baums, bestehen in folgenden:

a) Die weiße Weide (Salix alba). Sie erscheint als ein sehr gemeiner hoher Baum, der sich durch die lanzenförmigen spitzen, am Rande sägeartig gezähnten, weißlichten und haarigen Blätter auszeichnet.

---

*) Hermbstädts Journal für Lederfabrikanten ꝛc. 1r Band. S. 62 ꝛc.

b) Die Lorbeerweide oder Baumwollweide (Salix pentandra). Sie wächst gemeiniglich auf Wiesen als Buschholz, schießt aber auch zu einem großen Baum von 12 Fuß Höhe empor. Ihre Zweige sind mit einer aus dem gelben ins braune fallenden glatten glänzenden Rinde bedeckt. Die Blätter sind weich, glänzend und wohlriechend, ganz grün, und den Kirschblättern ähnlich.

c) Die Bruchweide (Salix fragilis). Die Blätter derselben sind länglich, zugespitzt, schön grün, glänzend, stumpf ausgezahnt, und die Zähnchen mit drusigen Knöpfchen versehen. Ihre jungen Zweige sind hellgrün, glänzend, sehr brüchig, und springen leicht von den Gelenken ab, mit zunehmendem Alter werden sie dunkler. Nach meiner Erfahrung *) ist ihre gerbende Kraft nur um ⅛ schlechter als die der Eichenrinde.

d) Die Saalweide (Salix caprea). Sie bildet einen hohen Stamm, mit langen großen Zweigen. Bey jungen Bäumen ist die Rinde rauh und wollig, bey ältern ist sie glatt. Die Blätter sind eiförmig, stumpf, zuweilen aber auch spitzig, oberwärts dunkelgrün, und hin und wieder mit feinen einzelnen Haaren besetzt, am Rande wellenförmig ausgebogen, und unterwärts mit einer feinen weißen Wolle überzogen.

*) Hermbstädts Journal für Lederfabrikanten. ꝛc. 1r Band. S. 63 ꝛc.

XIV. Von der Tormentill- oder Blutwurzel.

§. 315.

Die Tormentillpflanze (Tormentilla erecta), welche in unsern trocknen Wäldern häufig gefunden wird, erkennt man an folgenden Merkmalen: Die Stengel dieser kleinen Pflanze sind sehr dünn und aufrecht gestellt. Die Blätter haben keine Stiele, und sind in fünf von einander stehende Theile gespaltet; hievon sind die beiden untern, zunächst am Stengel befindlichen, die kleinsten, alle aber sind keilförmig, und oberwärts gezähnt. Der Stengel zertheilt sich oben in Aeste, woran die einzelnen gelben Blumen sitzen. Die Wurzel dieser Pflanze, welche eigentlich das Gerbematerial ausmacht, ist knotig, knollig, sehrfaserig, äußerlich rothbraun, inwendig aber blaßroth, und besitzt einen überaus starken zusammenziehenden Geschmack, aber wenig Geruch. Nach meiner Erfahrung *) fand ich, daß die gemahlnen Wurzeln in ihrer gerbenden Wirkung beynahe fünfmal stärker, als die in der Eichenrinde sind. Die damit gegerbten Häute, zeichnen sich durch eine angenehme röthliche Farbe aus.

XV. Von der Natterwurzel.

§. 316.

Die Natterwurzelpflanze, auch Natterknöterich (Polygonum Bistorta) genannt, wird überaus häufig auf Wiesen gefunden. Die Blätter dieser Pflanzen sind ziemlich groß, eiförmig, auf einer Seite dunkelgrün, auf

*) Hermbstädts Journal für Lederfabrikanten :c. 1r Band. S. 59 :c.

der andern hellgrün, und laufen mit ihren blätterartigen Stielen längst dem Stengel herab. der Blun eestiel hat ein einziges kleines Blatt, und an seiner Spitze stehet eine aus vielen röthlichten, einblättrigen Blumen zusammengesetzte Aehre. Die Wurzel dieser Pflanze, welche nebst den Blättern das Gerbematerial ausmacht, ist daumensdick, verschiedentlich gekrümmt und gebogen, äußerlich schwarzbraun, innerlich aber heilroth von Farbe, und besitzt einen überaus zusammenziehenden Geschmack. Meinen Erfahrungen zufolge *), verhält sich diese Wurzel in ihrer Gerbekraft gegen die Eichenrinde, beynahe wie 3 zu 1. Sie gehört also zu den vorzüglichen Gerbematerialien.

XVI. Von dem Heidekraut.

§. 317.

Das gemeine Heidekraut (Erica vulgaris) ist von vielen als Gerbematerial empfohlen worden. Zwey Engländer, Thom. Rankin und Holt Waring, haben bereits im Jahr 1766 ihre Gerbungsart mit dem Heidekrant, dem Parlement in Irland vorgelegt. Die Pflanze wird zu dem Behuf zermahlen, und das Pulver mit Wasser ausgekocht, vorauf das Gerben in der milchwarmen Brühe verrichtet wird. Im Jahr 1764 sollen 82,018 und im Jahr 1765,71826 Fässer Heidekraut zu diesem Behuf nach Irland gebracht worden seyn.

---

*) Hermbstädts Journal für Lederfabrikanten ic. 1r Band. S. 59 ic.

§. 318.

Das gemeine Heidekraut wächst auf unfruchtbaren Feldern und in den Wäldern sehr häufig. Seine holzige, weit um sich treibende Wurzel, erzeugt einen niedrigen Stamm, welcher sich mit dem Aesten ausbreitet, und einen niedrigen Strauch darstellt. Die Blätter, welche die Zweige das ganze Jahr hindurch bedecken, sind sehr klein, schmal, glatt und rauh, fast dreyeckig, und rückwärts gespalten. Im Julius und August entstehen am obern Theile der Zweige fleischfarbene auch weiße Blumenähren. Meinen eignen Erfahrungen zufolge gehört das Heidekraut zu den schlechtsten Gerbematerialien *), weil solches beynahe dreymal schlechter als die Eichenrinde gerbt.

XVII. Von dem Bärentrauben = Strauche.

§. 319.

Die Bärentrauben = Pflanze (Arbutus Uva ursi) ist ein kleiner 2, 3 bis 4 Fuß hoher Strauch, welcher an unfruchtbaren sandigen Oertern wächst. Der Stamm liegt gemeiniglich flach auf der Erde. Die Blätter sind klein, hart, eirund oben dunkelgrün, auf der Seite blässer, glatt und feinadrig. Diese ganze Pflanze ist reich an gerbendem Stoff. In Kasan wird selbige vorzüglich zur Gerbung des Saffians angewendet, aber sie wird sich auch für anderes Leder gewiß qualificiren. Selbst habe ich noch keine Versuche damit angestellt.

---

*) Hermbstädts Journal für Lederfabrikanten ꝛc. 1r Band. S. 64 ꝛc.

XVIII. Von dem Preusselbeerstrauch.

§. 320.

Der Preusselbeerstrauch (Vaccinium Vidisidea), auch Rausch genannt, ist ein kaum einen Fuß hoher kleiner Strauch, der in unsern Wäldern ziemlich häufig vorkommt. Seine Blätter, welche selbst im Winter grün bleiben, sind so steif wie die Buchsbaumblätter, am Rande etwas eingebogen, auf der Oberfläche dunkelgrün nnd glatt, auf der untern aber weißlich und getüpfelt. Dies Gewächs, welches mit dem vorigen einige Aehnlichkeit hat, unterscheidet sich, durch seinen aufrechtstehenden Stamm, und die untern getüpfelten Blätter davon. Seine Früchte, welche roth aussehen, enthalten einen sauern Saft; die des vorigen sind mehlig. Die Stengel und Blätter dieser Pflanze sind reich an Gerbestoff, und qualificiren sich daher zum Gerben vorzüglich.

XIX. Von dem Heidelbeerstrauch.

§. 321.

Der Heidelbeerstrauch (Vaccinum Myrtillus), der uns die Heidelbeeren, Blaubeeren, oder schwarze Besing liefert, ist gleichfalls ein niedriger Strauch, selten über eine Spanne hoch, und in den Wäldern ziemlich gemein. Die Stengel sind eckig, die Blätter stehen auf kurzen Stielen wechselsweise; sie sind eirund zugespitzt, sägeförmig gezähnt, glatt und hellgrün. Die Früchte sind blauschwarz, und enthalten einen rothblauen säuerlichen Saft. Der Stengel nebst den Blättern, enthalten viel Gerbestoff, welcher sich schon durch ihren zusammenziehenden Geschmack zu erkennen giebt.

XX. Von dem Post oder Kienpost.

§. 322.

Mit dem Namen Post, Kienpost, auch Porsch und wilden Rosmarin (Ledum palustre) bezeichnet man ein Strauchgewächs, das 2 bis 4 Fuß hoch wird, und in feuchten Wäldern so wie in andern sumpfigen Oertern sehr häufig vorkommt. Die Blätter dieses Strauchs ähneln den Rosmarinblättern. Sie sind linienförmig, stumpf, am Rande zurückgeschlagen, oben glänzend und gelbgrün, unten aber, so wie auch die Zweige, mit einer braungelben Wolle bekleidet. Dies Kraut hat einen angenehmen gewürzhaften Geruch, vorzüglich wenn es jung ist, sein Geschmack ist sehr zusammenziehend. In Rußland, wo man diese Pflanze vorzüglich zum Gerben der Kalb- Ziegen- und Schaffelle anwendet, wodurch man ein röthliches angenehm riechendes Leder erhält, werden zu Anfang des Mays, wenn die Blüten-Knospen aufbrechen wollen, die Zweige abgeschnitten, an einem schattigen Orte getrocknet, und dann auf der Lohmühle klein zermahlen. Eben so soll man in Rußland ein Oel daraus destilliren, das zur Zubereitung des Juchtenleders verwendet wird.

§. 323.

Ich begnüge mich die wichtigern von denjenigen Pflanzenprodukte hier angezeigt zu haben, welche als Gerbematerial mit Nutzen angewendet werden können. Wir kennen aber noch eine weit größere Anzahl, welche den Gerbestoff reichlich enthalten, aber in Hinsicht ihrer gerbenden Wirkung erst noch näher untersucht werden müssen. Im zweyten Bande meines Journals für Lederfabrikanten, werde ich eine Uebersicht aller derjenigen Pflanzen darstellen, welche einstens noch mit Erfolg als Gerbematteriale benutzt werden können. Daß ich den Torf so wie das Torfwasser, welche von einigen als Gerbematerial empfohlen worden sind, hier nicht mit aufgenommen habe, ist aus dem Grunde geschehen, weil nicht aller Torf Gerbestoff enthält, und also dessen gerbende Kraft sehr relativ bleibt. Im zweyten Bande meines Journals für Lederfabrikanten rc. werde ich diesen Gegenstand näher erörtern.

Von einigen an sich nicht gerbenden Substanzen aus dem Pflanzenreich.

XXI. Vom Saamen der Zwittermelte.

§. 323.

Bey der Zubereitung des Chagrins wird die Hornseite der Häute mit einem gewissen Saamen bestreuet, und solcher eingetreten, und wenn darnach die Haare abgetrocknet sind, wieder abgeschüttelt, um dadurch die körnerähnlichen Unebenheiten auf der Oberfläche jener Häute hervorzubringen. Man gewinnt diesen Saamen von einer Pflanze die mannshoch wird, bey den Gehöften um die südliche Wolga häufig wächst, und von den Tartaren gewönlich Alabuta, und von den Georgianern in ihrer Landessprache Titmanula genannt wird. Anderen Nachrichten zufolge soll diese Pflanze, deren Samen zum Einstreuen der Chagrin-Häute angewendet wird, die auch bey uns häufig wild wachsende weiße Melte (Chenopodium Album) ausmachen. Sie ist ein Sommergewächs, das auf unsern Feldern sehr häufig vorkommt. Stengel und Blätter sind, besonders bey den etwas ausgewachsenen Pflanzen, weißlicht, die Blätter dreizackig, und gleichsam wie ausgefressen. Der Same bestehet in kleinen festen Körnern.

XXII. Von der Berberitzenwurzel.

§. 324.

Die Berberitzenwurzel, welche sich durch eine gelbe Farbe auszeichnet, und zur gelben und grünen Farbe in der Saffian- und Carduangerberey sehr häufig angewendet wird, ist die Wurzel eines bey uns sehr häufig wachsenden Strauchgewächses, welches Berberitzenstrauch, Berberstrauch, Sauerdorn, auch Saurach (Berberis vulgaris) genannt wird. Jener Strauch bekommt eine Höhe von 6 Fuß und drüber. An den Abtheilungen seiner Zweige bemerkt man manchmal auch nur einen starken spitzigen Stachel. Die Blätter sitzen in kleinen Büscheln, sind eirund, und am Rande mit feinen Spitzen besetzt; ihre Farbe fällt ins Gelbgrüne. Die Früchte, welche im Spätherbste reif werden, hängen traubenartig in länglicht rothen Beeren an den Zweigen, und enthalten einen sehr sauern Saft. Die Wurzel ist gelb und von einem bittern Geschmack. Die letztere allein wird als Farbematerial in der Saffianfärberey gebraucht.

XXIII. Von den Avignonbeeren.

§. 325.

Die Avignonbeeren auch Avignonkörner, und Kreutzbeeren (Graines d'Avignon) genannt, welche zum

Gelbfärben des Saffians fast unentbehrlich sind, bestehen in den Fruchtbeeren des Zwergkreutzdorns (Rhamnus infectorius), einem Strauchgewächs, das in Frankreich, in Spanien und in Italien häufig wild wächst. Die Landleute sammlen die Beeren, bevor sie noch völlig reif sind, indem sie die damit besetzten Sträucher abhauen, sie trocknen, die getrockneten Beeren herabnehmen, und sie zum weitern Debit an die Kaufleute verhandeln. Diese Beeren sind im getrockneten Zustande klein, sehr hart, und grüngelb von Farbe.

XXIV. Von dem Indigo.

§. 326.

Der Indig (Indigo) ist ein blaufärbendes Produkt des Pflanzenreichs, das in der Saffiangerberey, zur Hervorbringung der blauen und grünen Farben des Saffians, sehr häufig angewendet wird. Der Indig wird in Ost- und Westindien aus der daselbst wachsenden Indigpflanze dem Auil (Indigofera tinctoria) bereitet, indem man selbige mit Wasser übergossen in Gährung setzt, und die dabey entstehende grüngelbe Brühe, mit Kalkwasser (§. 124.) mengt, worauf ein blauer Satz zu Boden fällt, der nach gehörigem Auswaschen und Trocknen, nun den Indig darstellt.

§. 327.

Der im Handel vorkommende Indig, ist sehr verschieden, und wird unter verschiedenen Namen verkauft. Der vorzüglichste Indig kommt aus Ostindien; diesem folgt in seiner Güte der Mexikanische oder Guatimalo-Indig, und endlich die Westindischen Sorten: als Domingo-Indig rc. Ein guter Indig wird daran erkannt,

1) daß solcher auf dem Wasser eine Zeitlang schwimmt, ohne darin niederzusinken; 2) daß er im Bruch nicht körnig, sondern egal violblau ist, einen höhern Glanz als auf der Oberfläche besitzt, und beym Streichen mit dem Nagel des Daumens, einen kupferartigen Glanz erkennen läßt; 3) daß er leicht zerbrechlich ist; und 4) daß er beym Zusammenreiben mit 4 bis 6 Theilen rauchender Schwefelsäure (§. 241.) vollkommen davon aufgelöst wird, und beym Verdünnen dieser Auflösung mit Wasser, eine satte dunkelblaue Flüssigkeit darbietet.

XXV. Vom Brasilienholze.

§. 328.

Mit dem Namen Brasilienholz, auch Brasilge, so wie Braunsilgen und Braunholz genannt, bezeichnet man ein Farbematerial des Pflanzenreichs, das in dem verkleinerten Holze, des in Jamaika und Brasilien, an trocknen und felsigen Oertern wildwachsenden Brasilienbaums (Caesalpina vesiccaria) bestehet, und in der Saffianfärberey, so wie beym Färben andrer Lederarten, zur Erzeugung dunkelrother Farben häufig angewendet wird. Seine Farbe ist dunkelroth zum Theil gelbbraun, und sein Geschmack süßlich. Das Fernambukholz, das Sanct Martinsholz, und das Sapanholz, sind wahrscheinlich von einer ähnlichen Abkunft wie das Brasilienholz, und werden mit demselben auch sehr gleichbedeutend gebraucht.

XXVI. Von dem Kampechen-Holze.

§. 329.

Das Kampechenholz, welches auch Blauholz, indianisches Holz, Jamaikaholz und Blutholz genannt wird, und gleichfalls für braune Farben ein nützli- Farbematerial in der Saffiangerberey, so wie zum Färben des Handschuhleders abgiebt, bestehet in dem innern Kern, des auf Jamaika und den antillischen Inseln, vorzüglich bey Kampeche auf den Halbinseln Jukatan in Neuspanien, wachsenden ansehnlich hohen mit Dornen besetzten Kampechenbaumes (Haematoxylon campechianum). Seine Farbe ist dunkelroth etwas ins Orangegelbe neigend; es zeichnet sich durch einen eigenthümlichen Geruch, und einen süßlicht zusammenziehenden Geschmack aus. Beym Kauen im Munde färbt es den Speichel violet, anstatt daß derselbe vom Brasilienholze nur carmoisinroth gefärbt wird.

XVII. Von den Feigen.

§. 330.

Die Feigen welche, vorzüglich in der Levante, zur Vorbereitung der Ziegenfelle zum Saffian, häufig angewendet werden, machen aus diesem Grunde einen Gegenstand der Gerber-Materialienkunde aus. Die Feigen sind Produkte des Feigenbaums (Ficus Carica), der in allen südlichen und westlichen Ländern von Europa, so wie auch auf den griechischen Inseln und in ganz Asien wild wächst, bey uns aber nur in Töpfen oder Treibhäusern gezogen werden kann.

§. 331.

Die Feigen sind keineswegs die Früchte des Feigenbaums, wie man lange geglaubt hat, sondern sie sind eigne fruchtähnliche Produkte, welche eigentlich im Fruchtknoten

(Receptaculum) bestehen, der die Blüte des Feigenbaums in seinem Innern eingeschlossen enthält, wogegen die wahre Frucht in den kleinen Sauerkörnern der Feige besteht. Sie wachsen an den Aesten und ältern Baumzweigen hervor, und sind in Größe, Farbe und Geschmack, sehr von einander verschieden.

§. 332.

In der Levante bringt man die Feigen durch eine besondre Operation, welche die Kaprifikation genannt wird, zur Zeitigung. Man hat nemlich zweyerley Sorten der Feigenbäume: den wilden und den zahmen oder Garten-Feigenbaum. Der erstere liefert jährlich dreymal Früchte, die alle nicht eßbar, zum Reifmachen der zahmen aber anwendbar sind.

§. 333.

Die wilden Feigen enthalten nemlich eine Art kleiner Insekten (Cynips Psenes), welche aus den Eiern die das vorige Jahr hineingelegt worden sind entstehen, und bis zu deren Verwandlung darin bleiben, worauf die jungen Insekten entweichen, und in der Absicht, um sich zu begatten und ihre Eier zu legen, auf die zahmen Feigen fliegen. Soll die Kaprifikation geschehen, so werden die letzten wilden Feigen, wenn das Insekt eben ausfliegen will, auf die zahmen Feigenbäume getragen, worauf sich dann die daraus entweichenden Insekten in die zahmen Feigen einbohren, und solche dadurch in Zeit von 14 Tagen zur Reife bringen. Im Handel kennt man dreyerley Feigen, die Smirnaer, welche groß gelblich und rund sind; die Genuesischen, die groß, gelb und und länglich sind; und die Marseiller, welche rund, gelb, und sehr angenehm von Geschmack sind, sich aber nicht lange halten.

XXVIII. Von der Kurkumewurzel.

§. 334.

Die Kurkumewurzel, welche zur Erhöhung der rothen Farben in der Saffiangerberey gebraucht wird, und daher einen Gegenstand der Gerbe-Materialienkunde ausmacht, besteht in der Wurzel der in den wäßrigen Gegenden von Ostindien, Malabar, Zeylon ꝛc. wachsenden Kurkumepflanze (Amomum Curcumae), und wird von da nicht bloß nach Europa, sondern auch nach Asien und Amerika versendet. Jene Wurzel, welche auch Gelbwurzel, gelber Ingwer, und von den Franzosen Terra merita genannt wird, ist bald rund und knollig, bald länglicht, äußerlich gelb, inwendig mit saffranfarbnen Streifen durchzogen, und zeichnet sich durch einen eigenthümlichen Geruch und gewürzhaften Geschmack aus. Sie giebt beym Auskochen mit Wasser eine angenehme, gelbe Tinktur, die aber durch alkalische Salze braun wird.

XXIX. Von dem Gummigutt.

§. 335.

Das Gummigutt (Gummi guttae), ist gleichfalls ein in der Saffianfärberey, vorzüglich bey der Erzeugung der rothen Farben, unentbehrliches Mittel, und macht daher einen Gegenstand der Gerbe-Materialienkunde aus. Jene Substanz

ist

ist ihrer Natur nach ein glänzendes, saffrangelbes, undurchsichtiges, hartes und zerbrechliches Gummiharz, das aus dem in Malabar und Zeylon wachsenden Guttäbaum (Stalagmitis Cambogioides) gewonnen wird. Es läßt sich mit dem Wasser mengen, und stellt damit eine angenehme gelbe Flüssigkeit dar. Es gehört zu den Pigmenten in der Gerbekunst.

III. Von dem Arabischen oder Senegalgummi.

§. 336.

Das Arabische- oder Senegalgummi (Gummi arabicum, Gummi Senegal), welches seiner Natur nach ein völlig reines Gummi (§. 187.) ausmacht, dient in der Saffianfärberey, den Ledern Glanz und Politur auf der gefärbten Fläche zu ertheilen. Dieses Gummi wird in Arabien und Aegypten, aus dem daselbst wachsenden Schottendorn (Mimosa nilotica und Mimosa Senegal), einem ansehnlich hohen Baum gewonnen. Es besteht aus unförmlichen tropfenartigen Stücken, die halb durchsichtig, bald weiß, bald gelb, im Bruch muschlicht, und von einem Glasglanze sind. Im Wasser ist solches vollkommen lösbar; die Auflösung ist klebrig, fadenziehend, und nach dem Austrocknen glänzend.

IV. Von der Granatrinde.

§. 337.

Die Granatrinde, welche wegen ihrem reichlich enthaltenden Gerbestoff auch als ein gerbendes Material für sich angewendet werden kann, wird hier in der Gerbe-

Materialienkunde bloß aus dem Grunde mit aufgenommen, weil selbige als ein Hülfsmittel in der Saffianfärberey angewendet wird. Sie besteht in der Rinde der Granatäpfel, welche die Früchte des ursprünglich in Asien und Afrika wachsenden Granatenbaums (Punica Granatum) ausmachen. Sie macht also einen Gegenstand der Gerbe-Materialienkunde aus.

Von einigen salzigen Materialien des Pflanzenreichs.

I. Von der Pottasche.

§. 338.

Die Pottasche ist ihrer Natur und Mischungen zufolge, eine Verbindung von mildem Kali (§. 103.), erdigen Theilen, und einigen fremdartigen Neutralsalzen. Sie wird vorzüglich in der Sämischgerberey angewendet, um dadurch das überflüssige Fett aus den damit getränkten Häuten wieder herauszuschaffen. Als Gegenstand der Gerberey kommt es also vorzüglich darauf an, die Kennzeichen der Güte und Aechtheit einer solchen Pottasche hier näher zur entwickeln.

§. 339.

Die Pottasche wird auf den dazu bestimmten Pottaschsiedereyen zubereitet und gewonnen, indem die Asche von verbrannten, vorzüglich harten, Hölzern mit Wasser ausgelaugt, die Lauge in eisernen Kesseln zur Trockne abgedünstet, und die trockne braune Salzmasse bis zur Farbenlosigkeit, unter öfterm Rühren und Krücken, geglühet oder kalzinirt wird. In diesem Zustande wird sie kalzinirte Pottasche, wenn sie eine bläulichte Farbe besitzt auch Perlasche genannt; und in fest verschlossenen Fässern in dem Handel gebraucht.

§. 340.

Die Pottasche wird indessen nur zu häufig schon auf den Pottaschsiedereien verfälscht, indem solcher während der Kalzination fremde wohlfeilere Neutralsalze, vorzüglich Salzsaures- und Schwefelsaures-Kali, zuweilen auch Kochsalz, was aber am allernachtheiligsten ist, Sand zugesetzt, und sie so auf eine betrügerische Art im Gewicht vermehrt, in ihren sonstigen Wirkungen aber verdorben wird.

§. 341.

Eine gute brauchbare Pottasche zeichnet sich gewöhnlich durch folgende Kennzeichen aus: Sie ist Perlweiß von Farbe, besitzt einen scharfen alkalischen Geschmack, zerfließt gern an der feuchten Luft, und ist in zwey Theilen kaltem Regenwasser, bis auf einen geringen erdigsalzigen Rückstand, lösbar; ihre Auflösung brauset durch zugesetzte mit Wasser verdünnte Schwefelsäure (§. 140.), bleibt aber flüssig, ohne eine gallertartige Form anzunehmen: im Gegentheil war sie mit Sand zusammengeschmolzen, und dadurch Kieselhaltig gemacht, und ist nun in der Gerberey höchst nachtheilig, weil sie das damit behandelte Leder hart und rauh macht. Die Stelle der Pottasche, deren wirksamer alkalischsalziger Theil das Kali ausmacht, kann aber durch die Soda (§. 236.), deren alkalischsalziger Theil im Natrum bestehet, vollkommen ersetzt werden.

II. Vom Weinstein.

§. 342.

Der Weinstein (Tartarus) macht ein Hülfsmittel aus, welches in den Saffiangerbereyen theils zum Färben, theils zur schwellenden Vorbereitung der frischen Häute vor dem Gerben oft erforderlich ist. Der Weinstein ist keinesweges eine Steinart, sondern ein Salz, das aus Kali und einer eigenthümlichen Säure zusammengesetzt ist, welche Weinsteinsäure genannt wird. Jene Säure findet sich im Weinstein in Uebermaß mit dem Kali verbunden, daher der Weinstein auch sauer schmeckt, und gegen Lackmuspapier wie eine Säure ragirt.

§. 343.

Der Weinstein ist ein natürliches Produkt, das sich aus den jungen, sowohl weißen als rothen Weinen, wenn sie lange auf Fässern liegen, nach und nach von selbst absetzt, und an den innern Wänden als eine kristallinische Substanz gefunden wird. Er wird in diesem Zustande roher Weinstein genannt, und nachdem solcher aus rothen oder weißen Weinen gewonnen wurde, in rothen und weißen Weinstein unterschieden. Wird derselbe aber durch Auflösung im Wasser, Filtriren der Lauge, und Kristallisiren derselben gereiniget, so nimmt er eine reinere Beschaffenheit an, und wird dann gereinigter Weinstein, auch Weinstein-Kristall (Cristallus tartari), so wie im fein gepulverten Zustande auch Weinsteinrahm (Cremor tartari) genannt.

III. Von der Kohlenstoffsäure.

§. 344.

Es ist schon oft von der Kohlenstoffsäure in diesem

Buche geredet worden, ohne gehörig zu entwickeln, was eigentlich unter derselben verstanden wird. Sie macht zwar kein Material aus, das in der Gerberey nothwendig erfordert und angewendet wird, das aber jedem rationellen Gerber aus dem Grunde bekannt seyn muß, weil diese Säure bey den Operationen der Gerbekunst sehr oft bald erzeugt, bald bloß entwickelt wird, und zur richtigen Beurtheilung und Erklärung der davon abhängigen Erfolge, ihrer Kenntniß nach nicht vermisset werden kann.

§. 345.

Die Kohlenstoffsäure bestehet aus Kohlenstoff (§. 69.) und Sauerstoff (§. 60.), und wird in allen den Fällen erzeugt, wo diese beyden Elemente mit einander in Mischung treten. Kommt außerdem auch noch Wärmestoff (§. 37.) hinzu, so geht sie dadurch in einen Gasförmigen Zustand über, und das Produkt wird nun Kohlenstoffsaures Gas genannt.

§. 346.

Die Kohlenstoffsäure macht einen steten Mischungstheil in den milden alkalischen Salzen (§. 103 bis 109.), in der Kreide oder rohen Kalkerde (§. 118.), und in dem gemeinen Quell- oder Brunnenwasser (§. 159.) aus, in welchem letztern sie zugleich als ein Auflösungsmittel für die erdigen Theile wirkt, und kann aus allen diesen Substanzen entwickelt werden, wenn andere Materien hinzutreten, die zu ihrem bindenden Theil eine stärkere Affinität besitzen (dahin gehören alle übrigen Säuern), oder wenn sie der Einwirkung einer gewaltsamen Hitze unterworfen wird.

§. 347.

Erzeugt wird hingegen die Kohlenstoffsäure beym Schwitzen und der anfangenden Fäulniß eingesalzter Häute, beym Schwellen der Sohlhäute mit Gersten- oder Sauerwasser, bey jeder vorgehenden Gährung oder Fermentation organischer Substanzen; beym Verbrennen derselben (aus dem Kohlenstoff und dem aus der Luft daran tretenden Sauerstoff), und in allen übrigen Fällen, wenn diese Elemente in chemische Mischung treten.

Kohlenstoffsaures-Gas.

§. 348.

Wenn die milden oder Kohlenstoffsauren alkalischen Salze (§. 103.), oder der rohe Kalk (§. 118.) in sauern Salzen aufgelöst werden, so wird die darin enthaltene Kohlenstoffsäure daraus entwickelt. Sie nimmt nun den aus diesen Säuern zu gleicher Zeit frey werdenden Wärmestoff an, und wird dadurch in einen gasförmigen Zustand ausgedehnt. So entsteht nun das Kohlenstoffsaure Gas, das sich jetzt mit Schnelligkeit während der vorgehenden Auflösung entwickelt, und das Brausen veranlasset, mit welchem dergleichen Operationen begleitet zu seyn pflegen. Werden daher dergleichen Auflösungen, in Gas-Entbindungsgefäßen (§. 82.) veranlasset, so kann das Kohlenstoffsaure Gas aufgefangen, und für sich dargestellt werden.

§. 349.

Eine gleiche Entwickelung vom Kohlenstoffsauren-Gas findet statt, wenn der rohe Kalk zu gebranntem

Kalk (§. 119.) dargestellt wird; wenn Brunnenwasser gekocht wird ꝛc. Im letztern Falle sieht man dieses Gas in kleinen Luftblasen sich entwickeln, und die vorher durch die Kohlenstoffsäure aufgelöst gewesenen erdigen Theile, fallen nun zu Boden, und trüben das vorher klare Wasser.

§. 350.

Ohne Mischung mit erdigen oder alkalischsalzigen Materien, kennen wir die Kohlenstoffsäure stets entweder Gasförmig, oder mit Wasser gemengt, in liquider Form. Das Kohlenstoffsaure-Gas hat einen stechend säuerlichen Geruch, erlöscht brennende Lichter die hineingetaucht werden, es tödtet Thiere die hineinkommen augenblicklich; vom reinen Wasser wird solches totol verschluckt, und ertheilt ihm Eigenschaften einer schwachen Säure; das Kalkwasser (§. 124.) saugt solches mit Begierde ein, und der darin aufgelöste gebrannte oder ätzende Kalk, wird daraus als roher Kalk wieder niedergeschlagen: daher die Entstehung der kristallinischen Haut auf der Oberfläche der Kalkgruben in den Gerbereyen. Das Kohlenstoffsaure-Gas ist also keine wahre Gasart, sondern es ist als eine Gasförmige Säure zu betrachten.

IV. Von der Gallussäure.

§. 351.

Mit dem Namen Gallussäure auch Galläpfelsäure wird eine eigenthümliche Gewächssäure bezeichnet, die in den Galläpfeln vorzüglich reichlich, außerdem aber auch in allen übrigen gerbenden Substanzen des Pflanzenreichs, jedoch immer theils mit Gerbestoff, theils mit andern Materien gemengt, vorhanden liegt; daher auch ihre mit reinem Wasser gemachten Extraktionen allemal gegen blaues Lackmuspapier, das sie roth machen, wie eine Säure wirken.

§. 352.

Um die Gallussäure für sich rein darzustellen, darf man nur die Galläpfel im gröblich gestoßenem Zustande, ohne weitern Zusatz, einer gelinden Destillation unterwerfen. Außer einer ölicht wässrichen Feuchtigkeit, welche hiebey in der Vorlage überdestillirt, setzt sich im Halse der Retorte eine sauer schmeckende kristallinische Substanz an, welche Gallussäure ist.

§. 353.

Nach einer andern Art, jedoch etwas weniger rein, kann die Gallussäure folgendermaßen dargestellt werden. Man kocht eine beliebige Quantität Galläpfel im verkleinerten Zustande so oft mit Wasser aus, als dieses noch lösbare Theile daraus in sich nehmen will. Die erhaltene Extraktion wird dann filtrirt, und zur Dicke des Honigs abgedünstet, hierauf aber mit sechs Theilen reinem Alkohol (§. 162.) übergossen und in die Wärme gebracht, wobey der Alkohol die meist reine Gallussäure in sich nimmt, den Gerbestoff und die gummichten Theile aber zurück läßt. Wird dann von der erhaltenen braunen Extraktion der Alkohol abdestillirt, so bleibt die Gallussäure in der Retorte zurück: sie ist in diesem Fall aber stets mit etwas Gerbestoff verbunden.

§. 354.

Die Gallussäure ist kristallisirbar; sie besitzt einen sauern aber dabey zusammenziehenden Geschmack; thierische Gallerte oder Leim werden nicht davon niedergeschlagen; mit aufgelöstem Eisen gemengt, bildet sie aber auf der Stelle einen schwarzen Niederschlag, oder bildet damit eine Art von Tinte. Sie enthält also vorzüglich den zureichenden Grund, warum alle gerbende Substanzen vom hinzukommenden Eisen eine schwarze Farbe annehmen.

§. 355.

In den Gerbereyen bleibt die Gallussäure allemal in derjenigen Flüssigkeit aufgelöst, welche man in den Lohgruben, nachdem die Häute damit gegerbt worden sind, übrig behält. Ob sie zum Theil während dem Gerben nebst dem Gerbestoff in die Häute selbst mit eingehet, oder nicht, verdient noch genauer untersucht zu werden. Die nach dem Gerben übrigbleibenden Brühen verdanken aber ihre sauern Eigenschaften fast allein der darin befindlichen Gallussäure, und aus eben dem Grunde haben sie daher auch die Eigenschaft, frische Häute, die hineinkommen, in einem hohen Grade zu schwellen, und sie dadurch zur Aufnahme des Gerbestoffs vorzubereiten.

V. Von dem Citronensafte.

§. 356.

Der Citronensaft macht blos aus dem Grunde einen Gegenstand der Gerbe-Materialienkunde aus, weil solcher in der Färberey der rothen Saffiane oder Maroquins nicht wohl entbehrt werden kann. Man verstehet darunter den aus den Citronenfrüchten (den Citronen) ausgepreßten Saft, so wie solcher aus Spanien und Italien in ganzen Fässern zu uns kommt. Dieser Saft ist indessen keine reine, sondern eine gemengte Säure, indem wir außer der eigenthümlichen kristallisirbaren Citronensäure, auch Aepfelsäure und viele Schleimtheile darin unterscheiden.

VI. Von der Essigsäure.

§. 357.

Die Essigsäure ist die vollkommenste unter allen Gewächssäuren, nemlich diejenige, welche am reichlichsten mit Sauerstoff gesättiget ist. Wenn man geistig gegohrne Flüssigkeiten, als Wein, Bier ꝛc. in offnen oder wenigstens nicht Luftdicht verschlossenen Gefäßen, an einem mäßig warmen Orte aufbewahrt, so saugen selbige nach und nach Sauerstoff aus dem Dunstkreise ein, und gehen in ein saures Fluidum über, daß nun Essig genannt, und nach der Natur derjenigen Substanz, woraus solcher erhalten wurde, in Weinessig und Bieressig ꝛc. unterschieden wird.

§. 358.

Der Essig ist indessen keine reine, sondern eine gemengte Säure, in welcher wir außer der wahren Essigsäure sehr viel Wasser, Schleimtheile, auch Weinstein und Weinsteinsäure als Gemengtheile unterscheiden. In der Frostkälte erstarren die wässerigen Theile, und lassen die sauern liquide zurück; aber durch eine Destillation, können nun die reinen Theile der Essigsäure von den übrigen Gemengtheilen abgesondert werden.

§. 359.

Weder die reine Essigsäure noch der Essig werden als Gegenstände der Gerbekunst geradezu angewendet. Wenn man aber aus Gerstenschroot und Wasser ein sogenanntes Sauerwasser bereitet, um mit selbigem die stärkern Rindshäute zu schwellen, und solche zur Behandlung in der Lohe vorzubereiten, dann ist die Säure dieses Sauerwassers nichts anders als Essigsäure, und diese allein bewirkt hier das Aufschwellen der Häute; folglich macht auch die Essigsäure einen Gegenstand der Gerbe-Materialien-Kunde aus.

§. 360.

Die Essigsäure hat mehr als irgend eine andere Säure die Eigenschaft, den gerinnbaren oder Faserstoff der thierischen Haut aufzulösen, und ihn auszudehnen. Dieses bewirkt sie, indem frische thierische Häute in ein solches aus Getraideschroot bereitetes Sauerwasser eingelegt werden. Die Fasern und die Gallerte werden hierdurch aufs innigste mit einander verbunden, und die Hautmasse wird in ihrem Umfange ausgedehnt, indem alle ihre Theile erweitert werden. Sie werden durch diese auch zugleich für die Aufnahme des Gerbestoffs vorbereitet, und die Operation des Gerbens dadurch in einem hohen Grade begünstiget.

VII. Von dem Essigsauren Eisen.

§. 361.

Wenn Bieressig oder Weinessig auf rohes gerostetes Eisen gegossen wird, so löẞt er solches allmählich auf, und bildet damit eine zusammenziehend schmeckende Auflösung von dunkelbrauner Farbe, die ein wahres essigsaures Eisen ausmacht. Jene Auflösung wird gewöhnlich Eisenbrühe genannt, und giebt das schicklichste Mittel ab, in Vermengung mit Lohebrühe, eine schwarze Farbe zu erzeugen, womit das Oberleder auf der Narbenseite schwarz gefärbt werden kann.

VIII. Von der Essigsauren Thonerde.

§. 362.

Essigsaure Thonerde ist ihrer Natur nach eine chemische Mischung von Thonerde nnd Essigsäure, und sie giebt ein ganz vortreffliches Beizmittel ab, um thierische Häute dadurch zur Aufnahme verschiedener Pigmente vorzubereiten, daher sie auch einen Gegenstand der Gerbe-Materialienkunde ausmacht.

§. 363.

Die Erfahrung lehrt indessen, daß die Thonerde von der Essigsäure geradezu nicht aufgelöst wird. Es ist also nothwendig, die Wirkung der wechselseitigen chemischen Affinität (§. 30.) hiebey in Anwendung zu setzen. Diesen Zweck erreicht man, wenn z. B. 1 Pfund Alaun in sechs Pfund siedendem Wasser aufgelöst, der Auflösung 4 Loth Kreide zugesetzt, und unter stetem Umrühren alles in der Hitze erhalten wird, bis das anfangs erfolgende Aufbrausen sich gelegt hat. Wird nun 1¼ Pfund Essigsaures Bley (Bleyzucker (Sacharum Saturni), in 2 Pfund warmen Wasser aufgelöst, und diese Auflösung zur erstern gegossen, so verbindet sich die Schwefelsäure des Alauns mit dem Bleyoxyd im Bleyzucker, und fällt damit als ein weißes Pulver zu Boden. Die Essigsäure bleibt aber in Verbindung mit der Thonerde als essigsaure Thonerde aufgelöst zurück. Die letztere kann nun abgegossen und gebraucht werden. Die Kreide wird bloß aus dem Grunde zugesetzt, um dem Alaun seine vorwaltende Schwefelsäure zu entziehen.

Dritte Abtheilung.

Von der Gerber-Zoologie.

§. 364.

Die Gerber-Zoologie begreift die Kenntniß aller derjenigen Hülfsmaterialien in der allgemeinen Gerbekunst in sich, welche ihre erste Abkunft dem Thierreiche verdanken. Sie lassen sich füglich unterscheiden in solche, welche gegerbt werden, und in solche, welche als Hülfsmaterialien zum Gerben der erstern angewendet werden müssen. Zu jenen gehören die Thierhäute selbst, zu den letztern alle übrige in der gesammten Gerberey erforderliche animalische Hülfsmittel: sie sollen als Gegenstand der Gerber-Materialienkunde hier einzeln näher erörtert werden.

I. Von den Thierhäuten

§. 365.

Unter einer Thierhaut wird diejenige äußere Bedeckung verstanden, welche den Körper eines jeden Thieres umgiebt, und ihn vor äußern schädlichen Einflüssen schützt und bewahret. Sie ist bey verschiedengearteten Thieren auf ihrer äußern Fläche mehr oder weniger mit Haaren besetzt, und findet sich niemals ganz von selbigen entblößt.

§. 366.

Da die **Haut** oder das **Fell** des **Thieres** dasjenige Material insbesondre ausmacht, welches durch den Prozeß des Gerbens in seiner Natur verändert, und dadurch zum Gebrauch im menschlichen Leben vorbereiter werden soll, so ist auch eine bestimmte und genaue Kenntniß derselben, nach allen denjenigen Theilen, woraus sie die Natur gebildet hat, dem rationellen Gerber ganz unentbehrlich.

§. 367.

Zur genauern Uebersicht desjenigen, was in der genauern Bedeutung des Wortes eine Thierhaut genannt wird, ist folgendes zu bemerken nothwendig.

a) Der Stoff oder die Materie, woraus der lebende thierische Körper bestehet, strebt vermöge seines Organismus und seiner natürlichen Grundmischung eine regelmäßige Form anzunehmen.

b) Die Theile einer solchen festen Masse bestehen theils aus Faden oder Fasern, theils aus Blättchen oder Lamellen.

c) Jene Fasern und Blättchen sind mehr oder weniger hart, steif und starr, oder sie sind weich und schlaff; und zwar beydes in verschiedenen Graden, nach dem verschiedenen Alter des Thieres, und werden von mehr oder weniger Spannkraft oder Federkraft afficirt.

d) Die Haut der Thiere ist ein solcher fester Theil, welcher glatt geformt ist, viel Biegsamkeit, und nach Verhältniß der Länge, sehr wenig Dicke besitzt. Sie besteht zuweilen in einem einzigen Blättchen, gemeiniglich aber aus Zellgeweben oder Fasern, die in verschiedenen Richtungen neben und auf einander gehäuft sind.

§. 368.

In einem solchen Zustande erkennt man jede Thierhaut, von welchem Thiere solche auch gewonnen seyn mag. Ihre innere Fläche ist glatt und eben, ihre äußere ist aber mit kleinen Narben oder Warzen versehen, aus denen Haare emporgewachsen sind, die sich im lebenden Zustande des Thieres nach und nach verlieren, und selbst wieder reproduciren.

§. 369.

Als einzelne Theile der Thierhaut unterscheidet man: 1) das Oberhäutchen oder die Epidermis; 2) die Schleimhaut; 3) die wahre Haut; 4) das Fleischfell; und 5) das Zellgewebe. Alle diese einzelnen Theile, welche gemeinschaftlich die Thierhaut bilden, hängen mit ihren äußern Flächen gemeiniglich fest aneinander, und sind in der angegebnen Ordnung, von oben herab gerechnet, mit einander verbunden.

§. 370.

Hieraus scheint zu folgen: daß das Oberhäutchen oder die Epidermis, durch das Schwitzen und Austrocknen der Säfte, von der unmittelbar darunter liegenden Schleimhaut gebildet ist; und daß solches, vermöge der Fiebern, welche durch die Schleimhaut hindurchgehen, mit der wirklichen Haut unmittelbar verbunden ist. Jene Schleimheit ist ein Netzartiges Gewebe, welches dem Gefühl nach weich, und von einer schleimigen Beschaffenheit ist. Die wahre Haut ist dagegen eine Membrane, welche aus Fibern oder Fasern bestehet, die dicht unter einander vereinigt sind, sich nach allen Richtungen hin erstrecken, und durch die Enden zahlloser Gefäße, Nerven, und Sehnen gebildet wird.

§. 371.

Auf der innern Fläche der Thierhaut befinden sich Drüsen, Talghöhlen, und die Wurzeln der Haare. Das Zellgewebe ist eine Verbindung von einer großen Anzahl häutiger Blätter, die unter verschiedenen Zwischenräumen so mit einander verbunden werden, daß hiedurch Zellen von verschiedener Größe entstehen, welche mit Fett ausgefüllet sind.

§. 372.

Zwischen dem Zellgewebe und der Haut liegt bey vierfüßigen Thieren das Fleischfell, (eine Art muskulöser Haut), welches an verschiedenen Stellen mit der Haut verbunden ist, und dazu bestimmt zu seyn scheint, daß sich die Haut nach Erforderniß zusammenziehen kann. Außer dem Oberhäutchen und der Schleimhaut, sind alle andre Membranen, welche die Haut bilden, mit Arterien und Venen durchkreuzt, die dazu bestimmt sind, das Blut dahin zu führen und wieder zurückzuleiten.

§. 373.

Jene Arterien (Pulsadern) die hier offen liegen, ergießen in das Zellgewebe eine seröse Feuchtigkeit, welche

Lym-

Lymphe (eine Art Blutwasser), Fett und thierische Gallerte enthält. Da endlich die Haut eines erwachsenen Thiers von größerer Dicke und Umfang ist, als die eines jungen Thiers, so muß solche nothwendig auch nach allen Dimensionen mit dem Thiere wachsen, folglich von den Substanzen genährt und vergrößert werden, welche die Hauptgefäße dahin führen und daran absetzen.

§. 374.

Gehet man von dieser gegebnen Erklärung über die Struktur oder den natürlichen Bau der Thierhaut, auf die Gemengtheile zurück, welche Natur und Organismus dazu verwendeten, so finden wir diese in wäßriger Feuchtigkeit, in Gallerte, in Fett, in animalischen Fasernstoff, und einigen Salztheilen, von der Natur des salzsauren Kali, welche jenen Materien adhäriren; und diese Theile im Zusammenhang sind es, welche, bey der Einwirkung gerbender Substanzen auf die thierische Haut, in denjenigen Zustand übergeführt und verändert werden, in welchem wir die gegerbte Haut erkennen.

Chemisches Verhalten der Thierhaut. *)

§. 375.

Erster Versuch. 28 Loth frische Haut von einer Kuh, die kurz vorher geschlachtet worden, und wovon die

*) Die hier zu beschreibenden Versuche sind von St. Real angestellt, und sein Aufsatz darüber findet sich in meinem Journal für Lederfabrikanten rc. 1r Band. S. 68. rc. abgedruckt.

Haare rein abgesondert waren, wurde bey einer Temperatur von 12° Reaumür unter Wasser getaucht, und vermittelst einer kleinen eisernen im Wasser angebrachten Presse, während einer halben Stunde sechsmal stark zusammengepreßt, worauf sie zuletzt 30 Minuten lang unter der Presse blieb, indessen daß Wasser abgegossen wurde. Jenes Wasser wurde hierauf abgedünstet. Bevor solches zum Kochen kam, bildete sich auf dessen Oberfläche ein röthlicher Schaum, der auch nach einem viertelstündigen Kochen unverändert blieb. Er wurde so, wie er sich gebildet hatte abgenommen, und sein Gewicht zusammengenommen betrug 17 Gran.

§. 376.

Zweiter Versuch. Die bey jenem Versuch übrig gebliebene Haut wurde nun in einem gläsernen Gefäß mit Wasser übergossen, dieses auf ein Sandbad gesetzt, und 10 Minuten lang im Kochen erhalten. Als das Wasser heiß wurde, bildete sich ein weißer Schaum auf dessen Oberfläche, der durch ein Filtrum abgeschieden wurde, und 21 Gran wog.

§. 377.

Dritter Versuch. Nachdem das beym vorigen Versuch gebrauchte Wasser bis zur Temperatur des Dunstkreises abgekühlt war, bildete sich auf der Oberfläche eine dünne weiße Haut; sie betrug im abgenommenen Zustande 11 Gran, und bestand in Fett.

§. 378.

Vierter Versuch. Das vom Fett befreiete Fluidum wurde nun gelinde zur Trockne abgedünstet, und lieferte einen röthlichen Rückstand von salzigem Geschmack; aus welchem ein Loth darauf gegoßner Alkohol eine rothe Tinktur extrahirte. Als diese Flüssigkeit aus dem unaufgelösten Theil geschieden, und zur Trockne gelinde verdunstet worden war, wog der Rückstand 7 Gran; er schmeckte sehr salzig, und war im Wasser lösbar. Er scheint also in Gallerte zu bestehen, die mit salzsaurem Kali verbunden ist. Der vom Alkohol nicht aufgelöste Rückstand zeugte eine kristallische Form, und schien in phosphorsaurem Kalk (§. 216.) zu bestehen, er wog nur 3 Gran.

§. 379.

Fünfter Versuch. Die nach jenen Versuchen zurückgebliebene extrahirte Haut, wurde nun in kleine Stücke zerschnitten, und in einem gläsernen Kolben mit 6 Pfund reinem Regenwasser übergossen, damit gekocht, und so wie das Wasser verdunstet war, neues hinzugegossen, bis nach und nach 40 Pfund verdunstet war, und nur noch ein Paar Pfund Flüssigkeit übrig blieben. Um dieses Fluidum von den darin schwimmenden kleinen Stücken der Haut zu befreien, wurde solche siedend heiß durch Leinwand gegossen, worauf die ausgekochte Haut, und die Oberhaut nebst dem Zellgewebe besonders, in Form von kleinen getrennten Blasen zurückblieb, die Theile der eigentlichen Haut waren aber hart und hornartig.

§. 380.

Sechster Versuch. Das nach dem Auskochen der Haut übrig gebliebene Fluidum, wurde mit kochendem Wasser verdünnet, dann durchfiltrirt, und gelinde zur Trockne abgedünstet, da solches denn 18 Loth ein Quentchen und 17 Gran trockner Gallerte, in Form eines gelben durchsichtigen Leims, darstellte.

§. 381.

Siebenter Versuch. Die nach dem Auskochen rückständig gebliebenen Stückchen der Haut zogen sich im Austrocknen stark zusammen. Die Blasen des Oberhäutchens und des Zellgewebes erschienen in Form eines rothen Pulvers; die Fiebern der Fleischhaut waren etwas deutlicher, aber von einander getrennt; und die Theile der wahren Haut waren eingeschrumpft und in kleine Spitzen zusammengerollt.

§. 382.

Achter Versuch. Jene Spitzen wogen ein Loth und 27 Gran, und die übrigen Theile 1 Quentchen und 2 Gran. Diese Spitzen zogen sich in stärkerer Hitze sehr zusammen, wurden hart und zerbrechlich. Im kochenden Wasser waren sie unauflöslich; und auch eine schwache Lösung von Kali nahm nichts davon in sich.

Resultat der vorher erzählten Versuche.

§. 383.

Hieraus folgt also, daß die sämmtlichen Gemengtheile, welche aus den untersuchten 28 Loth der frischen Kuhhaut gewonnen worden waren, zusammen in 17 Gran rothem Schaum, 21 Gran weißem Schaum, 11 Gran Fett, 7 Gran extraktiver Thiersubstanz, 3 Gran Salzsaurem Kali, 18 Loth 1 Quentchen und 17 Gran Gallerte, 1 Loth 27 Gran Faserstoff, 1 Quentchen Uebereest vom Zellgewebe, dem Oberhäutchen der Fleischhaut x. in Summa 19 Loth 3 Quentchen und

45 Gran bestanden haben; folglich die wäßrigen Theile der Haut 8 Loth 2 Quentchen und 15 Gran betragen mußten.

§. 384.

Eine genaue Betrachtung aller statt gefundenen Erfolge läßt schließen, daß: 1) der rothe Schaum von den Muskelfiebern der Fleischhaut, so wie von einer geringen Menge Blut abstammt, welches in den Gefäßen der Haut zurückgeblieben war; 2) daß der weiße Schaum von dem Zellgewebe herrührt, in welches die lymphatischen Hautarterien sich endigen; 3) daß das Fett aus dem Zwischenraume des Zellgewebes abgesondert worden ist; 4) daß die extraktive Substanz, nebst dem salzsauren Kali, aus der Fleischhaut hervorgezogen sind; 5) daß die Gallerte aus eben dieser Fleischhaut und allen übrigen Membranen, vorzüglich der Schleimhaut, welche sich zwischen der Epidermis und der eigentlichen wahren Haut befindet, entstanden ist; und 6) daß endlich der Faserstoff den Ueberrest der, aller ihrer auflösbaren Theile beraubten, Haut ausmacht.

Unterschied der rohen Haut von der gegerbten.

§. 385.

So ist der Zustand einer frischen Haut beschaffen, wie solche vom Thier kommt; ganz anders verhält sie sich, nachdem sie lohgar gemacht worden ist. In diesem Zustande giebt solche nach langem Einweichen und Auskochen mit Wasser blos Gallussäure und sehr wenig Gerbestoff von sich, dagegen ist keine Spur von Gallerte daraus zu scheiden.

§. 386.

Hieraus kann man aber gar nicht schließen, daß die Gallerte beym Gerben der Haut etwa daraus extrahirt worden sey; denn diesem würde ganz die Wahrheit widersprechen, weil es bekannt ist, daß die Thierhaut allemal am Gewicht zunimmt, wogegen sie doch, da die Gallerte die größte Quantität darin ausmacht, wenn diese extrahirt würde, nach dem Gerben viel weniger als vorher wiegen müßte.

§. 387.

Da also die Thierhaut während dem Gerben keine Gallerte verlieren kann, und solche nach dem Gerben doch auch keine Gallerte mehr aus sich scheiden läßt, so folgt daraus, daß die Gallerte, durch den Beytritt des Gerbestoffs, in ihrer Natur total verändert, und zu einer im Wasser völlig unauflösbaren Substanz umgewandelt worden seyn muß, die nun mit dem auf gleiche Art veränderten Faserstoff verbunden, die Bedingniß vom Zustande der gegerbten Haut in sich enthält: ein Umstand, der, wie weiterhin gelehrt werden soll, zu einer richtigen rationellen Theorie des Gerbens die vorzüglichste Basis darbietet.

II. Von der Cochenille.

§. 388.

Die Cochenille auch Coccionelle (Coccionella) genannt, macht nur in sofern einen Gegenstand der Gerbe-Materialienkunde aus, als solche in der Saffianfärberey, Behufs der schönen rothen Saffiane oder Maroquins ganz unentbehrlich ist; und sie gehört in die Zoologie der Gerbekunst, weil sie ein Produkt des Thierreichs ausmacht.

§. 389.

Die Cochenille bestehet in einem kleinen aufgetrocknetem Insekt, das in Mexiko zu Hause gehört, und dort auf den Blättern der Nopalpflanze (Cactus Cochinellifer) lebt. Man unterscheidet davon die männlichen und die weiblichen Insekten. Jene sind im lebenden Zustande geflügelt, die letztern sind ohne Flügel. Um ein Pfund trockne Cochenille zu erhalten werden wenigstens vier Pfund frische erfordert, und hiezu gehören wenigstens 70,000 einzelne Insekten; und bey alle dem kann man annehmen, daß jährlich an 800,000 Pfund Cochenille nach Europa kommen.

§. 390.

So wie man die Cochenille im Handel erhält, übersteigt die Größe des trocknen Insekts selten die Größe einer Linse; äußerlich ist es braun von Farbe, wie mit einem weißen Staube bedeckt; beym Zerreiben stellt solches aber ein fast purpurrothes Pulver dar, das einen scharfen, bittern, etwas zusammenziehenden Geschmack besitzt, und beym Kauen im Munde den Speichel roth färbt.

§. 391.

Die Cochenille giebt beym Auskochen mit reinem Regenwasser ihr Pigment, nemlich ihren Färbestoff, sehr leicht von sich, und die davon erhaltene Brühe färbt die Thierhäute roth. Um aber dieses roth zu erhöhen, muß die Brühe mit einer gelbfarbigen Substanz versetzt werden; und um solche zu befestigen, lassen sich der Alaun, so wie das salzsaure Zinn, wie weiterhin ausführlicher gelehrt werden soll, sehr gut in Anwendung setzen.

III. Von dem Thran.

§. 392.

Der Thran ist seiner Natur nach ein liquides in der Frostkälte gerinnbares Fett, das in den verschiedenen Arten der Ledergerberey vorzüglich dazu angewendet wird, die gegerbten Häute damit zu tränken, und solche hierdurch einerseits geschmeidig und biegsam zu machen, andrerseits aber, ihnen ihre sonstige Durchdringlichkeit für das Wasser zu rauben; und der Thran qualificirt sich hiezu auch in der That weit mehr als irgend ein andres fettes Oel, weil solcher weniger Anziehung zum Sauerstoff des Dunstkreises besitzt, und aus dem Grunde weniger dem Austrocknen und Erhärten unterworfen ist, als andere Oele.

§. 393.

Man gewinnt den Thran in den Thransiedereien, durchs Ausbraten des fettartigen Theils verschiedener Seefische, wie insbesondere der Wallfische, der Häringe, ꝛc. Man hat vom Thran im Handel verschiedene Sorten, unter welchen der weiße grönländische sogenannte Krarthan zum Einschmieren der gegerbten Häute oder Leder zum Behuf der Gerbereyen der vorzüglichste ist. Die schlechteste Sorte ist dagegen der braune Thran, welcher sich bloß zum Brennen in den Thranlampen qualificirt. Beym Einkauf des Thrans ist vorzüglich darauf zu sehen, daß kein Wasser unter dem Trahn steht. Die beste Probe seiner Güte und Aechtheit bestehet darin, daß ein Tropfen auf dem Nagel des Daumens gegossener Thran darauf stehen bleibt, ohne abzufließen.

§. 394.

Jenes sind die sämmtlichen aus dem Thierreiche abstammenden Materialien, welche in der gesammten Ledergerberey eine Anwendung finden; und eine Uebersicht des Inhalts aller drey Abtheilungen des vorigen Abschnitts, stellt uns die Gegenstände der gesammten Gerbe-Materialienkunde im Zusammenhange dar; daher ich mich nun zur Betrachtung ihrer Anwendung in der ausübenden Gerbekunst wenden will.

Dritter Abschnitt.

Von der ausübenden Ledergerberey überhaupt, und von der Roth-Lohgerberey insbesondere.

Allgemeine Bemerkung.

§. 395.

Unter der Roth-Lohgerberey oder Rothgerberey, verstehe ich das Gerben der Thierhäute mit solchen Substanzen, welche außer dem Gerbestoff, auch färbende Theile enthalten, die dazu geschickt sind, dem gegerbten Leder eine röthliche braune Farbe zu ertheilen: dahin gehören vorzüglich die Eichenrinde, die Birkenrinde, die Rinde der verschiedenen Fichtenarten, die Tormentillwurzel, die Natterwurzel rc., deren gerbende Wirkung gegenwärtig schon so gut ausgemittelt ist, daß sie allgemein angewendet zu werden verdienen.

§. 396.

Soll indessen die Rothgerbung der Rinds- Roß- Kalbs- und anderer Thierhäute, die zum Ober- oder Unterleder bestimmt sind, veranstaltet werden, so erfordern selbige eine zweckmäßige Vorbereitung, ohne welche der vorgesetzte Endzweck entweder gar nicht, oder doch nur sehr unvollkommen erzielet werden würde.

§. 397.

Dahin gehören: 1) das Einweichen der rohen grünen, oder frischen Thierhaut in Flußwasser; 2) das Einsalzen oder Schwitzen derselben; 3) das Enthaaren der Häute; 4) die Behandlung der Häute im Kalk; 5) das Schwellen; alles Operationen, deren praktisch-mechanische Ausübung ich bey meinen Lesern voraussetze, und die hier in rationeller Hinsich näher erörtert werden sollen.

Erste Abtheilung.

Vorbereitung der Häute durch das Einweichen im Flußwasser.

§. 398.

So wie die rohen Thierhäute entweder frisch oder an der Luft getrocknet in die Gerbereyen abgeliefert werden, sind solche noch mit den Haaren bedeckt, auf der innern Seite mit vielen überflüssigen Fleischtheilen versehen, und mit vielen zufälligen Schmutztheilen verunreinigt. Um solche für die fernere Behandlung vorzubereiten, werden sie der ersten Operation, nemlich dem Einweichen im Flußwasser unterworfen.

§. 399.

Um das Einweichen zu veranstalten, werden sie nahe an der Waschbank im Fluß eingehängt, und dann von Zeit zu Zeit auf der innern oder Aasseite mit dem Streich- oder Schabeisen auf dem Schabebaum ausgestrichen, um die überflüssig anhangenden Fleischtheile hinwegzunehmen, und alle Unreinigkeiten daraus zu entfernen.

§. 400.

Die Zeit, welche zum Einweichen der Haut im Wasser erforderlich ist, läßt sich nicht vorher bestimmen, sondern hier muß allein Erfahrung und Beobachtung des Arbeiters entscheiden. Ein zu langes Beharren der Haut im Wasser ist nicht gut, besonders dann, wenn die Temperatur des Dunstkreises etwas hoch ist: weil sonst die Haut sehr bald in eine geistige, saure und faulende Gährung übergeht, wodurch ihre Grundmischung gestöhrt, und ihre innere Festigkeit vernichtet wird.

§. 401.

Um den zureichenden Grund von dieser Veränderung einzusehen, darf man sich nur erinnern, daß der (§. 383.) gegebenen Beweise zufolge, die vorzüglichsten Gemengtheile einer frischen Thierhaut, in Gallerte und wenigem Faserstoff (§. 382.) bestehen. Jene Gallerte vorzüglich ist es, welche in ihrem mit Wasser aufgelösten Zustande die verschiedenen Perioden der geistigen und sauern Fermentation einzugehen vermag; wodurch eine essigartige Säure erzeugt wird, die dann die thierische Faser durchdringt, sie auflöst, und den Prozeß der faulenden Fermentation veranlasset, die sich sehr bald durch den faulen und flüchtigen Geruch zu erkennen giebt.

§. 402.

Wenn beym Einweichen der Thierhäute die saure Fernation hervorkommt, dann dehnen sich solche in ihrem Umfange aus, oder sie schwellen auf. Da dieses aber auf Kosten des gallertartigen Gemengtheils in denselben geschiehet, so ist solches ihrer Festigkeit allemal nachtheilig, und muß billig möglichst vermieden werden.

§. 403.

Aus dem Grunde ist es daher erforderlich, wenn man völlig rationell zu Werke gehen will, das Einweichen der Häute im Flußwasser bloß als ein Reinigungsmittel derselben zu betrachten, ohne die Absicht einer zu veranlassenden Schwellung damit zu verbinden, weil letzteres immer mißlich ist, und beym geringsten Versehen auf die Grundmischung der Haut sehr nachtheilig wirken kann.

§. 404.

Um mich zu überzeugen, ob der Anfang einer sauern und faulenden Fermentation, der im Wasser eingeweichten Thierhaut, dem nachher daraus darzustellenden gegerbten Leder nachtheilig sey oder nicht, wurden drey 12 Zoll lange, und 2 Zoll breite Streifen von einerley Thierhaut im Wasser eingeweicht. Das erste Stück wurde herausgenommen als es gehörig rein war, ohne das eine saure Gährung statt fand. Das zweite wurde herausgenommen, als sich ein saurer Geruch ankündigte, und ein auf die Haut gelegtes Stückchen blaues Lackmuspapapier eine röthliche Farbe annahm. Das dritte wurde herausgenommen, als die Haut einen stinkenden fauligen Geruch ausdünstete, und ein mit wasserfreyer Essigsäure befeuchtetes und darüber gehaltenes gläsernes Stäbchen, einen weißen Rauch erkennen ließ, welcher von dem durch die veranlaßte Fäulniß entwickelten Ammonium (§. 109.) einen deutlichen Beweis gab.

§. 405.

Jene drey Stücke Haut, welche in ihren Gewichtsmassen einander vollkommen gleich waren, wurden hierauf in einem Gefäß mit flüssiger Lohbrühe gegerbt. Als sie vollkommen lohgar waren, wurden sie langsam getrocknet, und nun ihre Festigkeit untersucht, welche sich in der That sehr verschieden fand.

§. 406.

Um die Festigkeit zu prüfen, wurden die gegerbten Lederstreifen in dünne Rieme von gleicher Länge, Dicke, und gleichem Gewicht geschnitten, von jeder Sorte ein Riemen an dem einem Ende an einem Haken befestigt, an dem andern aber, nemlich dem Untern, mit einer Wageschale verbunden, und auf diese so lange Gewicht zugelegt, bis die Streifen zerrissen.

§. 407.

Als Resultate dieser Versuche fand ich, daß der nicht gesäuerte und nicht gefaulte Streif 120 Pfund erforderte, um zu zerreißen. Der gesäuerte aber nicht gefaulte, werde durch ein Gewicht von 100 Pfund zerrissen; und der dritte gesäuerte und gefaulte Streif, erforderte kaum 85 Pfund um zerrissen zu werden: woraus also der Nachtheil einer stattgefundenen sauern und faulen Fermentation deutlich hervorgehet.

Zweyte Abtheilung.

Von dem Einsalzen und Schwitzen der Häute.

§. 408.

Diejenigen Häute, welche ein sehr dickes, starkes und Wasserdichtes sogenanntes Pfund oder Sohlleder nach dem Gerben darstellen sollen, pflegt man, um solche dadurch zum nachfolgenden Enthaaren vorzubereiten, mit Küchensalz einzureiben oder sie einzusalzen, worauf selbige sodann in einen Haufen übereinander gelegt werden, und so liegen bleiben, bis sich ein eigenthümlicher fast fauliger Geruch ankündiget.

§. 409.

Jene Operation, welche mit einer innern Erwärmung und dadurch veranlaßten Ausdünstung der Häute begleitet zu seyn pflegt, wird das Einsalzen, und der Erfolg das Schwitzen der Häute genannt, und sie sind nun zum Enthaaren vorbereitet.

§. 410.

Gehen wir auf den zureichenden Grund jener Wirkung zurück, so findet derselbe sich im Folgenden: die übereinander gehäuften, in allen Punkten mit Wassertheilen durchdrungnen, und durch ihr eignes Gewicht auf einander drückenden Häute, veranlassen sehr bald eine Wechselwirkung zwischen sich und den Bestandtheilen des sie durchdrungenen Wassers. Jenes Wasser erleidet einen Anfang der Zerlegung, es wird anfangs sein fester Antheil (§. 155.) von den Häuten eingesaugt, und sein flüssigmachender Theil, der Wärmestoff, daraus entwickelt, der nun die Erhebung der Temperatur, so wie die das Schwitzen veranlassende Ausdünstung, hervorbringt.

§. 411.

Beym fernern Fortgang wird nun der eingesaugte feste Antheil des Wassers wirklich entmischet: nemlich sein Sauerstoff wird von der Gallerte der Haut eingesaugt, und dadurch eine saure Fermentation derselben veranlasset, wogegen der Wasserstoff in eben dem Maaße nach und nach gasförmig entwickelt wird, welche Entwicklung sich durch einen eigenthümlichen Geruch ankündigt. Bleiben aber die Häute noch länger übereinander liegen, dann entsteht eine zweyte Veränderung ihrer Grundmischung: der Salpeterstoff, welcher einen elementarischen Mischungstheil der Gallerte ausmacht, geht mit einem Theil Wasserstoff in Mischung, und erzeugt Ammonium, daher der nun stattfindende flüchtige Geruch, der dann, wenn auch die übrigen Theile, welche den Faserstoff bilden, (Phospor und

Schwefelstoff) entwickelt werden, leicht in den faulen Geruch übergehet.

§. 412.

Dieser Erklärung zufolge scheint es also, daß das Salz, welches zum Einreiben der Häute angewendet wird, eine ganz passive Rolle spielt, und dies ist auch wirklich der Fall: denn wenn die Häute ohne Anwendung von Salz übereinander geschichtet werden, erfolgt alles eben so, wovon man sich durch die Erfahrung leicht überzeugen kann.

§. 413.

Aber wenn gar kein Salz angewendet wird, dann finden die Erfolge der Fäulniß weit früher statt als außerdem; und so muß also das Salz als ein Mittel angesehen werden, das vermöge seiner ihm inhärirenden eigenthümlichen Kraft, animalische Substanzen vor der Fäulniß zu schützen, diese schützende Kraft auch gegen die zum Schwitzen aufgehäuften Thierhäute ausübt, und dessen Anwendungen aus eben dem Grunde, daher nicht wohl unterlassen werden darf.

Dritte Abtheilung.

Von dem Enthaaren der eingesalzten Häute.

§. 414.

Die durch das Einsalzen und Schwitzen vorbereiteten Häute sind nun zum Enthaaren geeignet. Zu dem Behuf werden die Haare mit dem Schabeisen abgenommen, eine Operation, welche in einigen Gerbereien das Pälen, Abpählen oder Bölen genannt wird. Die gepälten Häute werden

dann

dann zu wiederholtenmalen ausgestrichen, gespühlt, und endlich mit dem Putzwasser die noch rückständigen Haare abgeschoren.

§. 415.

Das Schwellen der Häute hat einen zwiefachen Einfluß auf ihre Textur und Grundmischung. Die Essigartige Fermentation, welche dadurch in ihrem gallertartigen Gemengtheil veranlasset wird, erreget einen hohen Grad von Schwellung und Auflockerung ihrer Substanz, und macht sie zur nachfolgenden Einsaugung des Gerbestoffs geschickter. Aber eben diese Schwellung veranlasset auch, daß dadurch die Verbindung der Haarwurzeln mit ihrer Basis gelöst, und solche zur Enthaarung disponirt werden, daher dann das Enthaaren der Häute leichter als außerdem veranstaltet werden kann. Sonst wird das Enthaaren der Häute auch durch Kalk veranstaltet, wie weiterhin gezeigt werden soll.

Vierte Abtheilung.

Vorbereitung der Häute im Kalk.

§. 416.

Die Vorbereitung der Häute im Kalk, welche gleichfalls aus dem Grunde veranstaltet wird, um sie dadurch zur Enthaarung geschickt zu machen, wird weniger bey den starken Rindshäuten, als vielmehr bey den dünnen Häuten veranstaltet, welche ein biegsameres Leder darstellen sollen.

§. 417.

Zum Einkalken der Häute wird der Kalk vorher mit Wasser gelöscht, und dann das Flüssige aufgerührt, damit die nicht aufgelösten Theile des Kalkes sich mit den aufgelösten, dem gebildeten Kalkwasser (§. 124.) mengen, und damit die sogenannte Kalkmilch (§. 124.) bilden können, in welcher nun das Einlegen der Häute eigentlich verrichtet wird. Ein bestimmtes Verhältniß des Kalks gegen die Häute wird dabey selten beobachtet. Gewöhnlich rechnet man aber auf 50 Rindshäute etwa einen Scheffel Kalk, welches auch mehr als genug ist, da doch nur der geringste Theil davon hier schon zur Wirkung hinreichend ist.

§. 418.

Bey dem Einkalken der Häute in der Kalkgrube oder dem Kalkäscher hat man die Absicht, äußerlich die Haare der Haut zu lösen, auf der innern Seite aber die Fleischhaut mürber zu machen, und solche zum Ablösen vorzubereiten. Der Kalk wirkt hiebey fast ganz wie ein ätzendes alkalisches Salz, er greift die animalische Substanz an und löst sie auf.

§. 419.

Aus dem Grunde ist es nothwendig, bey jener Operation die größte Vorsicht zu beobachten. Ein zu langes Behandeln der Häute im Kalk, zerstöhrt nicht bloß die Haarwurzeln und disponirt die Haare zur Lösung, sondern der Kalk greift dann auch nicht bloß die Epidermis oder Oberhaut an, sondern wirkt nicht selten in die rohe Haut, und die Narbenseite erhält dadurch eine sehr ungleiche Beschaffenheit.

§. 420.

Wie lange die Häute im Kalk verbleiben können, läßt

sich geradezu nicht bestimmen, sondern setzt eine genaue Beobachtung des Erfolgs voraus. Man erkennt aber gemeiniglich den rechten Zustand der Haut daraus, wenn beym Ausreißen einiger Haare mit der Hand, sich dem Trennen kein großer Widerstand entgegensetzt, und die Haut hiebey eine Art von Knarren wahrnehmen läßt. Sind die Häute hinreichend vorbereitet, dann werden die vorbereiteten Häute, um sie von den eingesaugten Kalktheilen zu befreyen, 24 Stunden, oder auch länger, in Flußwasser gehängt, dann gespült, mittelst dem Schabeisen von den Haaren befreyet, dann vollends geschoren und nochmals im Fluß gespült.

§. 421.

Diese Behandlung der grünen Thierhäute im Kalk, hat zwar ihr Gutes, aber auch ihre Nachtheile. Die Aetzbarkeit des gebrannten und frisch gelöschten Kalkes, und dessen auflösende Wirkung gegen alle animalische Substanzen, veranlasset leicht, daß derselbe nicht allein auf die Haare, sondern auch zugleich auf die Gemengtheile der Haut, die Gallerte und die animalische Faser wirkt, und hier den ersten Grund zur Zerstörung der Haut legt.

§. 422.

Auf der andern Seite ist es nicht zu läugnen, daß vorzüglich der aufgelöste Theil des Kalkes, welcher in Form des Kalkwassers die Substanz der ganzen Haut durchdringt, sich mit dem Fett und dem noch rückständigen Blut derselben vereinigt, sie beide mit dem Wasser mischbar machet, und nun veranlasset, daß solche beym Einweichen der gekalkten

Haut im Flußwasser und nachmaligen Spülen derselben, daraus entfernt werden können; welches insbesondere beym Fett um so nothwendiger ist, weil dieses sonst dem Eindringen des Gerbestoffes in die Substanz der Haut merklich entgegenwirkt.

§. 423.

Herr Armand Seguin (Erfinder der Schnellgerberey *) scheint von der nachtheiligen Wirkung des Kalkes gleichfalls überzeugt zu seyn, und empfiehlt aus dem Grunde an die Stelle der Kalkmilch, nemlich des bloß gelöschten und mit mehrern Wasser zu einer milchähnlichen Flüssigkeit verdünnten Kalkes, das Kalkwasser, welches eine wahre Auflösung des gebrannten Kalkes im Wasser ist.

§. 424.

Es ist auch allerdings nicht zu läugnen, daß das Kalkwasser, weil es keine erdigen Kalktheile mehr mechanisch eingemengt enthält, viel milder als die Kalkmilch wirken muß, und also weniger Gefahr bey dessen Anwendung zu befürchten ist. Aber es kann bey alledem nicht vermieden werden, daß nicht einige Theile seines aufgelöst enthaltenden Kalkes sich in den Poren der Haut absetzen, darin zurückbleiben, und eine nachtheilige Veränderung auf selbige ausüben.

---

*) Hermbstädts Journal für Lederfabrikanten. rc. 1r Band. S. 63 rc.

§. 425.

Um hiervon Ueberzeugung zu erhalten, brachte ich ein Stück Haut, welches aus dem Kalkäscher kam und so vollkommen wie möglich gespült worden war, in ein Glas, übergoß solches mit destillirtem Essig, und ließ das ganze 24 Stunden ruhig stehen, worauf die Haut im Essig einigemal geknetet wurde. Der Essig wurde hierauf abgegossen, durch Druckpapier filtrirt, und das völlig klare Fluidum mit mildem Ammonium (§. 113.) neutralisirt. Hiebey fiel eine bedeutende Portion einer weißen zarten Erde zu Boden, welche bey der genauer damit angestellten Prüfung, sich völlig wie Kalkerde verhielt.

§. 426.

Es ist also leicht einzusehen, daß ein solcher Hinterhalt an Kalkerde in den Fellen, in jedem Fall statt finden wird und muß. Dies hat aber den Nachtheil, daß sie beym nachherigen Schwellen mit Sauerwasser zwar aufgelöst, aber nicht daraus hinweggeschaft wird; daß sie vielmehr beym Behandeln der Häute in der Lohe, durch den Gerbestoff, vollkommen in den Zwischenräumen der Haut niedergeschlagen und befestigt wird, und ihre sonstige Festigkeit verändern muß.

§. 427.

Hierauf gegründet habe ich es versucht, die Haare mit einer Auflösung von ätzenden alkalischen Salzen zu trennen. Ich habe mich hiezu des aufgelösten ätzenden Natrums (§. 108.) bedient. Ich habe mit dieser Auflösung die Haareite der Haut bestrichen, und sie dann so lange liegen gelassen, bis die Haare sich lösen wollten, welches recht gut von statten gegangen ist; es wird nun darauf ankommen, zu versuchen, ob und in wie fern diese Methode einer praktischen Ausführbarkeit im Großen fähig ist.

Fünfte Abtheilung.

Von dem Schwellen der Häute.

§. 428.

Sehr starke zum Sohlleder bestimmte Häute erfordern, wenn solche die vorher beschriebenen vorbereiteten Operationen überstanden haben, noch eine andere, bevor sie der wirklichen Lohgarmachung unterworfen werden; dies ist die Schwellung oder Auftreibung durch saure Mittel.

§. 429.

Man sagt gewöhnlich, daß die Schwellung der Häute aus dem Grunde veranstaltet werde, um ihre Zwischenräume zu erweitern, und das Eindringen des Gerbestoffes dadurch zu begünstigen; eine genaue Betrachtung lehrt aber, daß das Schwellen auf ganz andern Gründen beruhet.

§. 430.

Wir haben aus dem Vorhergehenden gesehen, daß die wesentlichsten Theile der rohen Thierhaut aus Gallerte und thierischer Faser bestehen, die sich durch die Ausziehung mit Wasser von einander trennen lassen; und wir finden in der geschwellten Haut, daß diese Trennung jener Theile nicht in dem Grade statt findet, wie vor der Schwellung: hieraus folgt also wohl sehr deutlich, daß das Schwellen der Haut, eine Veränderung ihrer Grundmischung, eine umgeänderte Verbindung ihrer sonstigen Gemengtheile, der Gallerte und der Thierfaser, bewirkt haben muß.

§. 431.

Wir haben ferner gesehen, daß die Pflanzensäuren, und insbesondere die Essigsäure, gegen die Thierfaser eine auflösende Wirkung ausübt (§. 360.), und es ist also wo nicht gewiß, doch äußerst wahrscheinlich, daß diese auflösende Wirkung der Essigsäure gegen die Thierfaser, beym Schwellen der Häute mit vegetabilischem Sauerwasser veranlasset wird, wodurch sie mit der Gallerte in innige Mischung tritt, und nun ein neues Ganzes erzeugt, welches durch den Beytritt des Gerbestoffs noch mehr in seiner Natur verändert wird.

§. 432.

Freilich ist es nicht zu leugnen, daß die Thierhaut während dem Schwellen in ihrem Umfange nach der Dicke vergrößert werden, folglich daß sie eine Erweiterung oder Abstoßung ihrer innern Massentheile erlitten haben müsse, die solche auch selbst nach dem Gerben noch beybehält: aber es ist noch nicht ausgemacht, welches der zureichende Grund von dieser Ausdehnung ist

§. 433.

Wer indessen den Fortgang der Schwellung mittelst einem vegetabilischen Sauerwasser genauer beobachtet, wird finden, daß solches beständig mit der Entwicklung von kleinen Luftblasen begleitet ist, welche, wenn sie aufgefangen und untersucht werden, sich wie Kohlenstoffsaures Gas verhalten. Diese Luftblasen sind es, welche, indem sie im innern der Hautmasse entwickelt werden, solche ausdehnen, und sie in ihrem Umfang erweitern, ohne ihre Masse zu vermehren; und von der Bildung der Kohlenstoffsäure hängt daher auch der ausgedehnte poröse Zustand der geschwellten Haut ab.

Gewöhnliche Art des Schwellens.

§. 434.

Die gewöhnlichste Art des Schwellens wird in den in die Erde gegrabnen sogenannten Beitzfässern verrichtet. In eine solche Grube, welche gewöhnlich 4 Fuß tief und eben so weit ist, und etwa 8 Stück Rindshäute aufzunehmen vermag, bringt man am besten 100 Pfund Gerstenschroot, und 6 Pfund Sauerteig, rührt solches mit einer hinreichenden Portion Wasser ein, daß ein dünner Brey daraus entsteht, setzt dann die übrige nöthige Masse kochendes Wasser hinzu, rührt alles wohl untereinander, und läßt das Ganze an einem warmen Orte 24 Stunden ruhig stehen, da denn gewöhnlich eine säuerliche Gährung ihren Anfang nimmt.

§. 435.

In diese säuerliche Brühe werden nun die geschwitzten oder aus dem Kalk gekommenen Häute eingelegt, und bis zum vollkommenen Aufschwellen, welches im Sommer in einem Zeitraum von 6 bis 8 Wochen, im Winter aber nicht unter 3 bis 4 Monath erfolgt ist, behandelt. Um die Säurung der Schrootbrühe, und mit ihr das Schwellen der Häute zu befördern und zu begünstigen, ist es nothwendig, die Behandlung so einzurichten, daß die Brühe oft mit Sauerstoff in Berührung treten kann; welches am besten dadurch erreicht wird, daß man die schwellenden Häute täglich einmal aus der Schwellbeize herausnimmt, und selbige auf Brettern aufschlägt, die über hölzernen Gefäßen ruhen, woselbst sie 2, 3 auch 4 Stunden bleiben, und dann wieder in die Schwellbeitze gebracht werden. Diese Operation ist geschickt, die Einsaugung des Sauerstoffes aus dem Dunstkreise zu befördern, und den Fortgang der sauren Gährung des Gerstenwassers, so wie dessen davon abhängende schwellende Kraft zu begünstigen.

§. 436.

Wie bereits erwähnt worden (§. 431.), gründet sich die Schwellung der Häute durch Sauerwasser, auf eine in ihnen zu erregende saure Fermentation, wodurch die Gallerte mit der Thierfaser in chemische Mischung oder Auflösung tritt, und es kommt also nur darauf an, das Schwellen so lange zu unterhalten, bis die Haut den verlangten Grad der Auftreibung angenommen hat, ohne aus der sauren in die faule Gährung überzugehen. An verschiedenen Orten und in verschiedenen Ländern bedient man sich aber einer verschiedenen Behandlungsart bey der Schwellung, daher diese verschiedenen Methoden, der historischen Kenntniß wegen, hier aufgestellt werden sollen.

Französische Schwellungsart.

§. 437.

In Frankreich, und vornemlich zu Sedan, bedient

man sich beym Schwellen der Häute mit saurem Gerstenwasser, 9 auch 10 verschiedener Beizbottiche, deren Inhalt an Sauerwasser von einer verschiedenen Stärke ist. Man denke sich z. B. 10 solcher Bottiche, die Sauerwasser von einerley Stärke enthalten, so daß für jede Rindshaut 12 bis 14 Pfund Gerstenschroot gerechnet wird. Man denke sich ferner, daß in dem ersten dieser Bottiche, etwa 5 Häute einen Tag lang bearbeitet worden sind, so wird sein Inhalt einen Theil seiner Säureverloren haben, und so wird dieses auch der Fall mit dem zweiten, dritten, vierten bis zehnten Bottich seyn, wenn die im ersten behändelten Häute nun in den zweyten, den dritten 2c. gebracht werden. Bey dieser Behandlung wird also am Ende der erste Bottich das schwächste, und der letzte oder zehnte das stärkste Sauerwasser enthalten.

§. 438.

Kommen nun in den ersten Bottich frische Häute, so werden solche ihm wieder einen Theil seiner Säure rauben, und so ferner weniger dem zweyten, noch weniger dem dritten 2c., so daß wenn im ersten Bottich zehnmal Häute bearbeitet worden sind, solcher nun gänzlich erschöpft ist, und aufs neue mit Gerstenschroot nnd Sauerteig angesetzt werden muß: da selbiger dann der Ordnung nach der Letztere, in seinen Gehalt aber der stärkste Bottich ist.

§. 439.

Wenn man voraussetzt, daß das Sauerwerden der Beitzen in jedem Bottiche einen gleich guten Fortgang hat, und wenn man erwägt, daß bey dieser Art zu schwellen, die gebildete Essigsäure in jedem Beizbottich einzeln vollkommen erschöpft werden kann, dann scheint diese allerdings viele Vorzüge vor jeder andern Art zu verdienen. Wenn man aber gegenseitig erwägt, daß es überaus schwer ist einen solchen gleichförmigen Gang der sauern Fermentation in Bottichen, die zu verschiedenen Zeiten angestellt sind, zu unterhalten, und daß jedes Fluidum in dem ein oder zweymal gebrauchten Bottich leichter, als wenn solches nicht gebraucht worden wäre, der faulen Fermentation fähig ist, so scheint es bey alledem sicherer und rathsamer zu seyn, die Häute in einer einmaligen Beitze gleich fertig zu schwellen, und wenn nach beendigter Operation noch Säure rückständig seyn sollte, diese durch eine neue vorbereitete Schwellung darin, ihr vollends zu entziehen.

Englische Schwellungsart.

§. 440.

In England gebraucht man gleichfalls ein Sauerwasser aus Gerstenschroot, um das Schwellen der zu Sohlleder bestimmten Häute darin zu verrichten, und bedient sich, so wie in Frankreich, mehrere Beitzen hintereinander. Auch hier werden für jede Ochsenhaut 13 bis 14 Pfund Gerstenschroot gerechnet. Man brühet das Schroot mit siedendheißem Wasser ab, giebt ihm einen Zusatz von Sauerteig, und unterhält das Fluidum an einem warmen Orte so lange, bis solches in völlige saure Fermentation übergegangen ist, wozu immer ein Zeitraum von 14 bis 18 Tagen, und eine Temperatur von 20 bis 22° Reaumür erfordert wird.

§. 441.

Man behandelt hier gemeiniglich sechs Häute mit einem mal in einem Schwellbottich, läßt solche in der Beitze 30 bis 35 Stunden liegen, bringt sie dann in die neue stärkere Beitze, worin sie eben so lange behandelt werden, und so gehen solche nach und nach sechs Schwellbeitzen hindurch, und bleiben in der letztern nur 24 Stunden. Hiebey operirt man also viel schneller, ohne mehr Aufwand an Gerstenschroot zu gebrauchen, weil man dessen Säure vorher gehörig entwickeln läßt.

Wallachische Schwellungsart.

§. 442.

In der Wallachei wird das Schwellen der Rindshäute auf folgende Art verrichtet. Man knetet 20 Pfund Roggenmehl mit einem oder einem halben Pfund Weinessig, und der nöthigen Menge (ohngefähr 10 Pfund) Wasser zu einem Teig an, und läßt diesen leicht bedeckt, in mäßiger Wärme, nemlich bey einer Temperatur von 20 Grad Reaumür, ruhig stehen, bis er völlig in saure Fermentation übergegangen ist, welches in Zeit von 18 bis 24 Stunden erfolgt, und wovon ohngefähr 30 Pfund guter Sauerteig gewonnen werden.

§. 442.

Nun bedient man sich zum Schwellen der Häute hölzerner Bottiche, wovon jeder 3 Fuß tief und 5 Fuß weit, und zur Aufnahme von 6 Ochsenhäuten bestimmt ist. In jeden solchen Bottich füllt man nun so viel frisches reines Flußwasser, daß er etwas über den dritten Theil davon gefüllet wird. Sechs bis sieben Eimer eben dieses Wassers, oder so viel als erforderlich seyn würde, den Bottich halb voll zu machen, werden nun aber in einem Kessel zum Kochen erhitzt, und mit einem Theil dieses siedendem Wassers 60 Pfund Gerstenschroot so vollkommen wie möglich angeknetet, und der Teig mit so viel kalten Wasser angerührt, daß daraus ein dicker Brey entsteht, in welchem keine festen Klumpen mehr vorhanden sind.

§. 444.

Jenen Brey bringt man hierauf in den Kessel zu dem noch heißen Wasser, rührt alles recht wohl untereinander, und läßt die Masse bis zum Aufsteigen ein Paarmal stark aufwallen; worauf sie nun in den Schwell- oder Beitzbottich gebracht, und mit dem darin befindlichen Wasser recht wohl untereinander gearbeitet wird.

§. 445.

Hierauf werden ein Paar Eimer jenes Gemenges aus dem Bottich genommen, und in dem Kessel bis zum anfangenden Sieden erhitzt. Mit diesem siedend heißen Wasser wird nun der vorher beschriebene Sauerteig (§. 442.) in einem andern Gefäße recht wohl untereinander gerührt, und das Gemenge gleichfalls in den Schwellbottich gegossen. Ist auch dieses geschehen, so kommen 6 Pfund Kochsalz hinzu, und nachdem alles wohl untereinander gerührt worden, wird der Bottich wohl bedeckt, und bleibt nun 14 Tage lang stehen, um die Gährung abzuwarten, während welcher die Masse täglich zweymal umgerührt wird, bis endlich alles ruhig stehen bleibt, damit die dicken Theile sich setzen, und die flüssigen klar werden.

§. 446.

Ist diese Operation beendigt, so wird das Flüssige jener Zubereitung von der darunter liegenden Hefe ab und in den Schwellbottich gegossen, in welchem das schwellende Beitzen verrichtet werden soll; man wirft den Bodensatz weg, um in den Gefäßen eine neue Zusammensetzung derselben Art zu veranstalten.

§. 447.

Zu dem Behuf werden jetzt für 6 Häute nur 16 Pfund Mehl nach der vorher (§. 442.) angegebnen Art mit Essig und Wasser zum Sauerteig vorbereitet. Ist dieses geschehen, so werden von der ersten nun klaren Säure 6 bis 7 Eimer voll in einem Kessel zum Sieden gebracht, und wenn die Masse ein Paarmal aufgewallet hat, mit einem Theil derselben 50 Pfund Gerstenschroot vermengt, und nach und nach diese Masse mit der übrigen Brühe verdünnt.

§. 448.

Jene verdünnte Mehlmasse wird nun abermals im Kessel, nebst dem noch darin befindlichen, zum Kochen erhitzt, und hierauf das Ganze in die erste Beitze gegossen. Ist dies geschehen, und alles wohl untereinander gearbeitet, so nimmt man ein Paar Eimer heraus, erhitzt das Fluidum, löset dann den zweiten Sauerteig darin auf, setzt 6 Pfund Kochsalz hinzu, und gießt das Ganze zur ersten Zusammensetzung in den Schwellbottich, rührt alles wohl untereinander, wartet die vollkommene Säuerung ab, und verrichtet nun ind er warmen Säure das Schwellen der Häute nach folgender Methode.

Anwendung dieser Schwellbeitze.

§. 449.

Hat jene Schwellbeitze ihre gehörige saure Fermentation überstanden, so werden die zu schwellenden Häute hineingebracht, aber nur etwa zwei Minuten lang darin gelassen. Sie werden hierauf auf dem Deckel des Bottichs aufgeschlagen, um 3 bis 4 Minuten lang abzufließen, während welcher Zeit die Schwellbeitze aufgerührt wird, um dann die Häute zum zweitenmal hineinzubringen, und solche etwa 15 Minuten lang darin zu lassen.

§. 450.

Um die nach und nach sich erkältende Schwellbeitze stets bey einerley Grad der Temperatur erhalten zu können, verwahrt man gleich vor dem ersten Einweichen der Häute eine Portion derselben zur Reserve, die man warm erhält, um die heiße Masse, der sich abkühlenden nach und nach zusetzen zu können, zu welchem Behuf diese Reservebeitze, jedesmal bis nahe zum Sieden erhitzt seyn muß.

§. 451.

Sind nach der zweiten Eintauchung 15 Minuten verflossen, so werden sie wieder herausgenommen, abermals auf dem Bottichdeckel $7\frac{1}{2}$ Minute zum Abtröpfeln gebracht, und nachdem die Beitze mittelst der erhitzten Reservebeitze recht wohl umgerührt, und bis zur Temperatur von 45° Reaumür gebracht worden ist, kommen die abgetröpfelten Felle abermals 30 Minuten lang hinein. So wird mit dieser Operation fortgefahren, bis die Häute siebenmal aufgeschlagen worden sind, wobey man selbige vor jedem Aufschlagen 30 Minuten länger oder das vorhergehende Mal in der Brühe liegen, und vor dem Eintauchen 15 Minuten länger abtröpfeln läßt.

§. 452.

Jenes ist die Arbeit des Schwellens am ersten Tage. Am folgenden Tage werden die Häute nur 2, 3, auch 4 mal aufgeschlagen, nach jedem Aufschlagen aber alles, so wie vorher bemerkt worden, bearbeitet, damit die Temperatur der Schwellbeitze immer dieselbe bleibt: wobey zu bemerken, daß die Häute während dem Schwellen stets mit der Flüssigkeit bedeckt seyn müssen. Auf diese Art bearbeitet, erscheinen die starken Sohlhäute schon in 30 Stunden gut geschwellt, und bey einem längern Schwellen werden selbige, selbst zum Nachtheil ihrer Festigkeit, angegriffen.

§. 453.

Jene mühselige Zubereitung der Wallachischen Schwellbeitze kann aber dadurch sehr abgekürzt werden, wenn auf 6 Häute beym ersten Anstellen der Beitze gleich 80 Pfund Mehl zum Sauerteig und 120 Pfund Gerstenmehl zum Anbrühen, nebst 10 Pfund Salz in Anwendung gebracht werden: wobey der Erfolg eben so gut ist, und sehr viel Zeit, Mühe und Brennmaterial erspart wird.

Siebenbürgische Schwellungsart.

§. 454.

In Siebenbürgen geschieht das Schwellen der Rindshäute ganz nach derselben Art wie in der Wallachei, nemlich mit warmer Schwellbeitze, nur mit dem Unterschied, daß hier statt des Gerstenmehls das Roggenmehl angewendet wird. Auf jede Haut rechnet man hier 18 Pfund Roggenmehl, 10 Pfund zur ersten, und 8 Pfund zur zweyten Beitze.

Schwellung der Häute mit Sauerwasser aus Kleye.

§. 455.

Statt des Gerstenschroots, des Gerstenmehls, und des Roggenmehls, kann auch die Roggen- und Weitzen-Kleye zum Sauerwasser oder der Schwellbeitze angewendet werden. Man bereitet solche zu, wenn auf eine Rindshaut aus 1¼ Pfund Mehl, nach der schon angegebnen Art ein Sauerteig zubereitet, dieser mit einem Bade, das für jede Haut aus 8 Pfund Weitzen- oder Roggenkleye und der nöthigen Quantität heißen Wasser zubereitet worden ist, wohl untereinander gemengt wird, und man das Gemenge in hinreichender Wärme, bis zmu Erfolg der sauren Fermentation, stehen läßt.

§. 456.

Nach der hier beschriebenen Methode wird das Schwellen der Häute mit der Kleybeitze warm verrichtet; dieses kann aber auch eben so gut in der Kälte geschehen, nur mit dem Unterschiede, daß dann die Operation viel länger dauert, und man dazu Monate gebraucht, wo man bey Anwendung der warmen Beitze mit Stunden auskommt.

Schwellung der Häute nach des Verfassers neu entdeckter Art.

§. 457.

Wenn einerseits gleich nicht geleugnet werden kann, daß das Schwellen der Häute mit einem solchen vegetabilischen Sauerwasser, aus den schon (§. 433.) erwähnten Gründen von einer bedeutenden Wirkung für die Sohlleder ist, so muß andrerseits doch auch zugegeben werden, daß dessen Preis mit dem Preise des Getreides allemal im Verhältniß stehet, daß solches vor der sauern Fermentation oft umschlagen kann, und daß daher die Möglichkeit, das Getreide hierbey zu ersparen, und auf einem andern sicheren Wege eine essigartige Säure zum Behuf des Lederschwellens darstellen zu können, immer eine wünschenswerthe Sache ist.

§. 358.

Um diesen Wunsch zu befriedigen habe ich mehrere Versuche angestellt, die mir bewiesen haben, daß ein hinreichend mit Wasser verdünnter und mäßig erwärmter Essig, sich hierzu am allervorzüglichsten qualificirt.

§. 459.

Um einen solchen Essig zu verfertigen kann folgendermaßen operirt werden. In einem zu Wein gebrauchten Eimer Fasse von 60 Berliner-Quart Inhalt, wird ein Gemenge von Wasser, Syrup, Weinstein, Sauerteig und Brandtwein folgendermaßen gemacht.

§. 460.

Man bringt 40 Quart Wasser in einem Kessel zum Sieden. In dieses schüttet man $1\frac{1}{2}$ Pfund klein gestoßenen Weinstein, und rührt alles so lange um, bis selbiger aufgelöst ist. Man bringt $2\frac{1}{2}$ Pfund gemeinen braunen Syrup zur Flüssigkeit, rührt alles wohl untereinander, und gießt das Fluidum in das Faß. Nun rührt man $2\frac{1}{2}$ Pfund guten Sauerteig mit 2 Quart kaltem Wasser an, daß ein Brey daraus wird, verdünnt diesen noch mit 12 Quart Wasser, und gießt alles zur heißen Auflösung in das Faß. Man rührt hierauf alles recht wohl untereinander, gießt 2 Quart gemeinen Fruchtbrandtwein hinzu, und bringt nun das Faß, ohne solches zu verspunden, an einen warmen Ort, dessen Temperatur wenigstens 20 Grad betragen muß. Nach einem Zeitraum von 8 Wochen, wird alles in einen schönen starken Essig übergegangen seyn, der wenigstens 50 Quart beträgt.

§. 461.

Kann man die Säuerung dieser Masse an einem warmen Orte vornehmen, der nicht besonders deßhalb geheitzt werden darf, so ist ein solcher Essig überaus wohlfeil, denn die Kosten der sämmtlichen Materialien betragen höchstens 25 Groschen, und das Quart kommt 6 Pfennige zu stehen.

§. 462.

Soll ein solcher Essig zum Schwellen der Rindshäute angewendet werden, so werden 150 Quart Wasser in einem Kessel nahe zum Sieden erwärmt, dann in den Schwellbottich gegossen, 50 Quart des vorher genannten Essigs hinzu gebracht und alles wohl unter einander gerührt; und man erhält ein Fluidum, welches zum Schwellen der Häute nichts zu wünschen übrig läßt. Auch stehet es dahin zu versuchen, ob diese Schwellungsart nicht eben so wohlfeil als die sonst übliche seyn möchte.

Schwellung der Häute mit Lohbrühe, welcher der Gerbestoff entzogen ist.

§. 463.

Es ist bereits (§. 355.) erwähnt worden, daß während dem Gerben der gehörig vorbereiteten Thierhäute, es sey mit Eichenrinde oder mit Gallus, der Gerbestoff mit der Hautsubstanz in Mischung tritt, während die Gallussäure jener Substanzen größtentheils in der Brühe zurückbleibt. Eine solche rückständige Brühe ist daher ganz vorzüglich qualificirt, vermöge ihrem Gehalt an freyer Säure, die Schwellung der Häute ganz vorzüglich zu verrichten und zu begünstigen, und weil sie weiterhin mit keinen Kosten verknüpft ist, so möchte selbige für große Gerbereien, welche stets einen hinzureichenden Vorrath von solcher Brühe besitzen, wohl die wohlfeilste und beste Schwellungsart abgeben: nur muß streng darauf gesehen werden, daß eine solche Brühe keine Spur von Gerbestoff mehr enthält, weil dieser dem Schwellen allemal hinderlich seyn würde.

§. 464.

Ganz vorzüglich, und ohne Anwendung einer andern Schwellungsart, bedient man sich dieser Methode bey dem Lütticher und Namurer Leder. Man wendet hierzu die ihres Gerbestoffs beraubte Lohbrühe bald in dem Zustande an wie solche abfällt, bald wird sie vorher in verschiedenen Verhältnissen mit Flußwasser verdünnt: immer kommt es aber vorzüglich darauf an, die Schwellung so lange fortzusetzen, bis solche den gehörigen Grad der Vollkommenheit erreicht hat. Mit dieser Schwellungsart ist auch diejenige übereinstimmend, deren man sich zu St. Germain bedient, wo man ganz vorzüglich die Häute nach und nach in die Schwellbeize von verschiedener Stärke bringt, so daß die stärksten Beitzen zuletzt angewendet werden.

Schwellen der Häute mit Schwefelsäure.

§. 465.

Macbride in England war der erste, welcher die Schwellung der Sohlhäute mit verdünnter Schwefelsäure in Vorschlag brachte, und Seguin in Frankreich hat diese Verfahrungsart auch bey seiner Schnellgerberey, die fernerhin näher beschrieben werden soll, in Anwendung gesetzt.

§. 466.

Zu dieser Schwellungsart wird nach Macbride, um die saure Schwellbeitze zu bereiten, ein Pfund Wasserfreye Schwefelsäure (Vitriolöl) mit 200 Pfund Wasser verdünnet. Seguin meint aber, daß diese Beitze zu stark sey, und nimmt gegen ein Pfund Wasserfreye Schwefelsäure 1000 ja selbst bis 1500 Pfund Wasser zur Verdünnung: wobey es in jedem Fall erforderlich, die Säure unter stetem Umrühren in das Wasser, und nicht umgekehrt das Wasser in die Säure zu gießen.

Wenn diese Schwellungsart mit der verdünnten Schwefelsäure wirklich in theoretischer und praktischer Hinsicht dasjenige leistete, was solche zu leisten bestimmt ist, so würde sie unter allen übrigen die einfachste, und auch zugleich die wohlfeilste Verfahrungsart ausmachen.

§. 467.

Die wahre Absicht, welche durch das Schwellen der Häute erreicht werden soll, bestehet, wie schon früher erörtert worden ist, eigentlich darin, daß durch eine in ihrer Substanz veranlassete saure Fermentation, der faserige Theil mit dem Gallertartigen verbunden, das Produkt dieser Verbindung in einen größern Umfang ausgedehnt, und die Substanz der Haut dadurch scheinbar vermehrt werden soll.

§. 468.

Jene Erfolge können aber nur durch vegetabilische Säuren, namentlich die Essigsäure bewirkt werden, die Schwefelsäure ist hiezu nicht geschickt, sie wirkt nach ganz andern Gesetzen als jene. Die verdünnte Schwefelsäure verdickt den thierischen Faserstoff und ziehet ihn zusammen, die Schwefelsäure erregt in der gerinnbaren Lymphe der Thierhaut eine gleiche Verdickung: von der Essigsäure wird sie aber aufgelöst und geschwellt. Selbst die Gallerte ziehet sich mehr zusammen durch die Schwefelsäure, und eine Art von Fermentation in ihr durch jene zu veranlassen, wodurch die ausdehnende Schwellung der Haut hervorgebracht wird, ist gar nicht möglich.

§. 469.

Ich räsonire hier nicht theoretisch, ich rede aus eigner praktischer Erfahrung. Ich habe das Schwellen der starken Rindshäute mit der Schwefelsäure, im Zustande einer sehr verschiedenen Verdünnung, mehr wie funfzigmal versucht, aber ich habe allemal gefunden, daß die Haut ihre vorige Dicke beybehält, ohne eigentlich geschwellt zu werden, daß heißt, ohne ihren Durchmesser nach der Dicke merklich zu vergrößern.

§. 470.

Ich habe zu gleichem Behuf auch die verdünnte Salzsäure versucht, und denselben Erfolg bemerkt. Verdünnte Salpetersäure macht dagegen die Häute gelb, und bringt eine wesentliche Veränderung in ihrer Grundmischung hervor. Dagegen habe ich von den beyden erstern Säuren zu bemerken Gelegenheit gefunden, daß sie der bey warmer Witterung sonst eintretenden Fäulniß der Häute, in einem hohen Grade wiederstehen, und insofern möchte vielleicht die praktische Lohgerberey einigen Nutzen aus ihnen ziehen können.

§. 471.

Zwar bemerkt Seguin, daß das Schwellen der Häute eigentlich ganz überflüssig sey, und die gar nicht geschwellten Rindshäute, in der Lohe eine eben so gute Gerbung annehmen, als wenn sie vorher geschwellt waren; ja daß solche dann selbst ein festeres weniger für das Wasser durchdringbares Leder darstellten; und er hat, wie ich mich durch eigene Erfahrung davon überzeugt habe, in gewisser Hinsicht vollkommen Recht.

§. 472.

Wenn man aber erwägt, daß der Käufer des lohgahren Sohlleders, nemlich der Schuhmacher, der solches zu Sohlen verarbeitet, nicht bloß darauf sieht wie groß die Fläche von einem Pfunde des Leders ist, sondern auch wie dick das Leder ist, und wenn man bedenkt, daß eben so derjenige, welcher Stiefeln oder Schuhe kauft, die Güte der Sohlen größtentheils nach ihrer Dicke beurtheilt, dann erscheint uns alles in einem andern Lichte: und wir sehen daraus sehr deutlich, daß das Schwellen, und zwar mit einem vegetabilischen Sauerwasser, oder mit entgerbter Lohbrühe, welche allerdings mit jenem gleichartig wirkt, in keinem Fall entbehrt werden kann.

Schwellung der Häute mit Theerwasser.

§. 473.

Man kann das Theerwasser in zwey verschiedene Abtheilungen bringen: 1) in dasjenige, welches bey den Theerschwellereyen abfällt, und unter dem Namen der Thergalle bekannt ist, und bey einer zweckmäßigen Vorrichtung, in den Kohlenschwellereyen in großer Quantität gewonnen werden könnte; 2) in dasjenige, welches bey dem sogenannten Abschwefeln, richtiger dem Verkohlen, der Steinkohlen abfällt.

§. 474.

Das erstere ist seiner Natur nach eine vegetabilische Säure, von der Natur des Essigs, und wenn Eichenholz, Birkenholz rc. verkohlt worden waren, selbst mit etwas Gallussäure gemengt. Es qualificirt sich also zum Schwellen ganz vorzüglich, und darf billig mit einer entgerbten Lohbrühe als völlig gleichförmig angesehen werden.

§. 475.

Das zweyte ist aber, nach der Natur der Steinkohlen, woraus solches gewonnen wurde, sehr verschieden. Nur selten ist es ein saures Fluidum, am gewöhnlichsten ist solches unreines liquides Ammonium. Pfeiffer war der erste welcher solches im Jahr 1777 nicht bloß zum Schwellen, sondern selbst zum Gerben der Häute in Vorschlag brachte. Es kann seiner Natur nach aber weder zu dem einen noch zu dem andern geschickt seyn, und die damit angestellten Arbeiten haben es auch hinreichend bestätigt, daß man einen schlechten Erfolg davon zu erwarten hat.

§. 476.

Jenes sind die sämmtlichen vorbereitenden Operationen in der Rothgerberey, welche mit den Häuten vorgenommen werden müssen, bevor selbige zur wirklichen Gerbung in die Lohe gebracht werden. Jene Operationen, mit Ausnahme der verschiedenen Schwellungsarten, sind hier nur kurz beschrieben worden, weil einige derselben in der Anwendung von einander abweichen, und bey jeder Gerbungsart insbesondere nochmals näher erörtert werden sollen.

Vierter Abschnitt.

Von der Lohgarmachung der Ochsen=, Küh=, Pferde- und Kalbshäute; so wie der Art und Weise, wie solche in verschiedenen Ländern ausgeübt wird.

Allgemeine Bemerkung.

§. 477.

Wenn gleich als ausgemacht anerkannt werden muß, daß eine wahre und vollständige Lohgarmachung der Thierhäute, und deren dadurch bewirkte Umänderung in Leder, unter keiner andern Bedingung als dadurch veranlasset werden kann, daß der eigenthümliche Gerbestoff (§. 194.) mit der Hautsubstanz in die innigste Mischung tritt, so ist doch die Verfahrungsart, nach welcher man in verschiedenen Ländern dabey operirt, um jene Verbindung zwischen der Hautsubstanz und dem Gerbestoff zu veranlassen, oft sehr von einander abweichend, und es wird daher ohnstreitig eben so interessant als nothwendig seyn, wenn ich jene verschiedenen Methoden wenigstens kurz hier erörtern, da eine Kenntniß und Uebersicht derselben, jedem rationellen Gerber willkommen seyn muß.

§. 478.

Um die Art und Weise, wie die Häute der vorher genannten unterschiedenen Thiere zum Gahrmachen vorbereitet, und dann wirklich gegerbt oder Lohgahr gemacht werden, nicht mit einander zu verwechseln, will ich solche zur genauern und bestimmtern Uebersicht, unter verschiedenen Abtheilungen näher beschreiben, und darunter: 1) die Gerbung der starken

Ochsen- und Rindshäute überhaupt; 2) die Gerbung der schwächern Kühe- und Pferdehäute; 3) der Schweinshäute; und 4) die Gerbung der Kalbshäute aufstellen. Eine 5te Abtheilung soll die von Seguin in Anwendung gesetzte Schnellgerberey enthalten; und eine 6te die Erfahrungen und Verbesserungen beschreiben, welche von andern und von mir über die letztere Gerbungsart gemacht worden sind.

Erste Abtheilung.

Von der Lohgarmachung der stärksten Ochsen- und Rindshäute überhaupt.

§. 479.

Die Operationen, welchen die stärksten Ochsen- und Rindshäute überhaupt unterworfen werden müssen, bevor sie lohgar gemacht werden, bestehen: 1) im Einweichen; 2) im Salzen und Schwitzen; 3) im Abhaaren, und im Schwellen derselben.

§. 480.

Das Einweichen der Häute geschiehet nach der allgemein bekannten und (§. 398.) bereits beschriebenen Methode. Um das Salzen und Schwitzen derselben zu veranlassen, bedient man sich eines gewöhnlichen guten Küchensalzes oder auch des zerkleinerten Steinsalzes. Das Einsalzen der Häute geschiehet entweder vor oder nach dem Einweichen derselben. Im ersten Fall unternimmt man solches, um die rohen Häute, welche getrocknet werden sollen, um sie an die Gerbereyen zu verhandeln, dadurch vor der sonstigen Fäulniß zu schützen; im letztern Fall, um solche dadurch ins Schwitzen zu bringen, und das nachfolgende Abhaaren zu begünstigen.

§. 481.

Um das Einsalzen zu veranstalten, sind drei bis vier Pfund gutes Küchensalz für eine gewöhnliche große Rindshaut vollkommen hinreichend. Das Salz wird auf der Fleischseite und auf den dickern Kopf-Enden etwas dicker aufgestreuet. Die so eingesalzten Häute werden hierauf in der Mitte so zusammen geschlagen, daß die äußern Theile gerade auf einander zu liegen kommen; worauf sodann die übrigen Theile so gefaltet worden, daß die Beinfelle eingelegt, die Bauchseiten gegen den Rücken, und das Kopf-Ende gegen den Schwanz eingeschlagen wird. Endlich werden solche noch einmal übereinander geschlagen, so daß ein Quadrat von ein bis zwey Fuß gebildet wird.

§. 482.

So vorgerichtet werden nun drey und drey, oder auch vier und vier Häute übereinander gefaltet, und drey bis vier Tage in Ruhe gelassen, damit die Substanz derselben vom Salze in allen Punkten vollkommen durchdrungen werden kann, worauf solche entfaltet, mit der Fleischseite nach außen auf Stangen gehängt, und getrocknet werden, wenn solche anders trocken aufbewahrt oder verkauft werden sollen. Sollen sie aber gleich ferner verarbeitet werden, so bleiben sie so lange im Salze liegen, bis sie sich erwärmen und schwitzen, und die Haare sich leichter als vorher ausrupfen lassen. Bey Häuten die getrocknet werden sollen, ist ein Gemenge von Salz und Alaun noch vorzüglicher als bloßes Salz.

§. 483.

Das Abhaaren wurde vormals bey den dicksten und stärksten Rindshäuten, wie bey den dünnern Häuten, durch die Behandlung derselben im gebrannten und gelöschtem Kalke veranstaltet. Gegenwärtig ist der Kalkäscher für die dickern Ochsen- und Rindshäute überhaupt, welche zu Sohlleder bestimmt sind, fast ganz abgeschafft. Bey diesen ist das Einweichen und Schwitzen schon hinreichend, um die Haare so zu erweichen, daß solche sodann leicht getrennt werden können.

§. 484.

Wenn indessen gleich ein bloßes Schwitzen der Häute, mit oder ohne Salz, hinreichend ist, das Abhaaren derselben zu befördern, so können doch auch noch andre Mittel dazu angewendet werden, solches zu begünstigen, wohin alle diejenigen gehören, welche die Epidermis der Haut anzugreifen fähig sind. Dahin gehören das heiße Wasser, die Aetzlauge, und das Rusma; sie sollen ihrer Anwendung zufolge, hier näher erörtert werden.

Abhaaren mit heißem Wasser.

§. 485.

Die Kalmücken bedienen sich in Rußland blos des heißen Wassers, um die stärksten Rindshäute damit zu enthaaren. Um dieses zu verrichten, werden die Häute dazu entweder ganz frisch angewendet, oder die getrockneten werden vorher im Wasser vollkommen erweicht. Sie werden sodann auf der Haarseite mit kochendem Wasser übergossen, nachdem sie vorher auf dem Schabebock ausgebreitet worden sind, und während ein Arbeiter die Haarseite mit kochendem Wasser übergießt, haart der andere die begossene Stelle so schnell wie möglich ab. So verrichtet man das Abhaaren von Stelle zu Stelle, bis die ganze Haut davon entblößt ist.

Abhaaren mit Aetzlauge.

§. 486.

Um das Abhaaren mittelst der Aetzlauge zu veranstalten, muß diese erst dazu vorbereitet werden. Zur Bereitung dieser Aetzlauge bedient man sich entweder der Pottasche (§. 338.), oder der Soda (§. 236.). Soll die Pottasche angewendet werden, so wird damit folgendermaßen operirt.

§. 487.

Um die Aetzlauge aus Kali oder Pottasche zu verfertigen, werden z. B. 2 Pfund Pottasche, 4 Pfund frisch gebrannter Kalk, und eben so viel Asche, welches bloß Torfasche seyn kann, dazu verwendet. Der Kalk wird mit wenigem Wasser besprengt, damit er sich löscht und in Pulver zerfällt; das Pulver wird dann mit der verkleinerten Pottasche und der Torfasche wohl untereinander gemengt, das Gemenge in einen kleinen gewöhnlichen Aescher mit doppeltem Boden gebracht, darin mit Wasser übergossen, und nun ganz nach gewöhnlicher Art, die Lauge abgezogen, so lange als das aus dem Zapfen des Aeschers Abfließende noch ätzend schmeckt. Die sämtlich erhaltene Lauge wird dann in einem kupfernen, noch besser in einem eisernen Kessel, so weit verkocht, bis das ein Ey darauf schwimmend erhalten wird, ohne darin unterzusinken.

§. 488.

Soll die Aetzlauge aus Natrum oder Soda verfertigt werden, so wird folgendermaßen operirt.

a) Einen Theil Soda zerstampft man zu Pulver, und schüttet solches auf einen Fußboden in einen Haufen auf. Hierauf werden 2 Theile (alles dem Gewicht nach) frisch gebrannter Kalk mit wenigem Wasser benetzt, bis solcher völlig zu Pulver zerfallen ist. Mit diesem gelöschten Kalkpulver wird nun die Soda, nebst halb so viel Holzasche, als sie Gewicht beträgt oder auch blos Torfasche, recht wohl untereinander geschaufelt, und endlich so viel Wasser zugemengt, bis ein steifer Brey daraus entstehet.

b) Diesen Brey bringt man auf einen gewöhnlichen hölzernen Aescher mit doppeltem Boden, dessen durchlöcherter Boden vorher mit etwas Stroh belegt worden war. Man gießt nun Flußwasser darauf, und ziehet die entstehende Lauge nach und nach mittelst einem an dem untern Theile des Aeschers angebrachten Höhe ab.

c) Die erste Lauge, welche hier abfließt, ist Weingelb von Farbe, und von einem überaus scharfem Geschmack. Man prüfet das Abfließende von Zeit zu Zeit indem man ein Ey darauf legt. So lange dieses noch darauf schwimmend erhalten wird, ohne darin zu Boden zu sinken, hat die Lauge ihren gehörigen Grad der Stärke, und kann in gut verschlossenen Gefäßen aufbewahret werden.

§. 489.

Wenn die Lauge so schwach wird, daß ein Ey darin zu Boden sinkt, dann muß solche besonders aufbewahrt werden. Man laugt nun den Aescher vollends so oft mit Wasser nach, bis die abfließende Lauge gar keinen Geschmack mehr besitzt; und diese schwächere Lauge kann nun bey der Anstellung eines zweyten Aeschers, statt des bloßen Wassers angewendet werden.

§. 490.

Um das Abhaaren der Häute mittelst dieser Aetzlauge zu veranstalten, werden die Häute vorher im Wasser wohl eingeweicht, und wenn das meiste ihres anhängenden Wassers abgeflossen ist, auf großen Tafeln aufgeschlagen. Nun wird eine erforderliche Portion der Aetzlauge bis nahe zum Sieden erhitzt, und mit dieser heißen Lauge, mittelst einem großen Pinsel, die Häute auf der Haarseite so oft bestrichen, bis die Lauge auf den Grund derselben gelangt ist. Die so bestrichenen Häute werden hierauf auf Stangen aufgehängt, und so lange darauf gelassen, bis man bemerkt, daß die Haare sich leicht ausziehen lassen. Ist dieses der Fall so werden sie im Wasser gewaschen, und dann auf dem Schabebock völlig abgehaaret. Oft ist es auch nothwendig, das Impregniren der Häute mit der Aetzlauge zweymal hintereinander zu veranstalten.

Abhaa-

Abhaaren der Häute mit Rusma.

§. 491.

In der Türkey, der Tartarey ꝛc. nennt man Rusma eine eigne Verbindung, welche die Eigenschaft besitzt, die thierischen Haare leicht hinwegzuschaffen, wenn die behaarte Haut damit bestrichen wird, und die daher gleich der vorher bemerkten Aetzlauge, zum Enthaaren der Thierhäute mit Nutzen gebraucht werden kann.

§. 492.

Um das Rusma zu bereiten, werden 9 Theile frisch gebrannter Kalk, im gepülverten Zustande, mit einem Theil Operment (Aurum Pigmentum) das aufs feinste gepülvert ist, gemengt, das Gemenge mit Wasser zu einem Teige angeknetet, und dieser so lange an einen mäßig warmen Ort gestellt, bis alles in vollkommene Auflösung gegangen ist.

§. 493.

Um mittelst dem Rusma die Enthaarung der Häute zu veranstalten, werden selbige, nach dem Einweichen und Auströpfeln des Wassers, aufgeschlagen, und dann auf der Haarseite mittelst einem Pinsel mit dem Rusma wohl eingerieben, so daß die Masse etwa einen Messerrücken dick darauf zu liegen kommt. So vorgerichtet werden nun die Häute auf Stangen geschlagen, und von Zeit zu Zeit die Ablösung der Haare versucht. Erfolgt diese, dann werden die Häute ins Wasser geworfen, rein gewaschen, und dann auf dem Schabebock nach gewöhnlicher Art abgehaaret. Mit dem Rusma, das aus 9 Pfund Kalk, einem Pfund Operment, und 18 Pfund Wasser bereitet worden ist, können mehrere Häute enthaart werden. Man hat aber beym Gebrauch des Rusma dahin zu sehen, daß solches nicht alt ist, sondern allemal frisch bereitet wird, weil selbiges sonst der Verderbniß zu sehr unterworfen ist.

Behandlung der zu Pfundleder bestimmten Rindshäute in der Lohgrube. Lohgarmachung derselben.

§. 494.

Wenn die zu Sohlleder bestimmten starken Rindshäute im Wasser gehörig gereinigt, von den Haaren und den überflüssigen Fleisch befreyet, und nach der (§. 49.) angegebnen Art gehörig geschwellt worden sind, dann sind selbige geschickt den Gerbestoff aufzunehmen, welches durch die Behandlung derselben mit den gerbenden Materialien, in den sogenannten Lohgruben, verrichtet wird.

§. 495.

Wenn gleich alle Gerbereyen darin übereinkommen, daß die wirkliche Lohgarmachung der Rindshäute in den Lohgruben verrichtet wird, so ist doch das Verfahren damit in verschiedenen Ländern oft sehr von einander abweichend, und es wird daher nöthig seyn, diese Abweichungen hier einzeln näher zu erörtern.

§. 496.

Die Lohgruben selbst haben entweder eine länglicht-viereckige, oder eine runde Form. Sie sind in der Erde befestiget, um ihnen dadurch mehr Haltbarkeit zu geben und mit Deckeln versehen, um sie vor hineinfallende Unreinigkeiten zu schützen. Sie sind entweder von Steinen gemauert und inwendig mit hölzernen Bohlen ausgezimmert, oder sie sind aus Faßstäben zusammengesetzt.

§. 497.

Welche Form der Lohegruben aber auch angewendet werden mag, so würde es doch in jedem Fall sehr gut und rathsam seyn, selbige so einzurichten, daß nicht bloß die zu gerbenden Häute, es sey ganz oder zertheilt, darin in Vermengung mit der Lohe ordnungsmäßig eingelegt werden können, sondern daß auch, um die Arbeit des Gerbens Sommer und Winter hindurch ungestöhrt fortsetzen zu können, sie so aptirt sind, daß die Lohe erforderlichen Falls von Zeit zu Zeit erwärmt werden kann.

§. 498.

Wenn ich von der Seguinschen Gerbungsart rede, werde ich die Einrichtung einer Gerberey beschreiben, und mit den erforderlichen Zeichnungen belegen, in welcher die Lohe zu jeder Zeit, erforderlichen Falls erwärmt werden kann; gegenwärtig begnüge ich mich, einige Darstellung von derjenigen Einrichtung zu geben, welche jetzt in einer der größten Gerbereien Englands eingeführt ist, und meinem Gutdünken nach möglichst allgemein eingeführt zu werden verdienet.

Einrichtung der Lohgruben der Engländers Fäy in London.

§. 499.

Der Lohgerber Fay in London, dessen Gerberey sich zugleich dadurch auszeichnet, daß selbiger (nach der Seguinschen Art) mit flüssiger Lohebrühe gerbt, bedient sich runder Gerbegruben. In einem Zirkelförmigen, einem Amphitheater ähnlichen Gebäude, sind Fay's Lohgruben in beliebiger Anzahl vertheilt. Mitten in diesem Gebäude befindet sich ein auf einer Achse beweglicher Krahn, dessen Arm über alle Gruben hinweggehet, so daß man mittelst selbigem die Häute bequem aus ihnen herausnehmen kann. Die Gruben sind im Umkreise amphitheatralisch so placirt, daß der Boden der obern Reihe um einige Zolle höher liegt als der der Untern, um das Abziehen der Lohbrühe, nachdem sie einestheils ihrer Kraft beraubt worden ist, aus einer Grube in die andere dadurch veranstalten zu können.

§. 500.

Die Gruben selbst sind rund, und in jeder befinden sich 2 Räder, deren untere Achse, um welche sie sich drehen, etwa 6 Zoll vom Boden der Grube entfernt ist. Das untere Rad ist mit dem obern durch Querhölzer verbunden, welche in den Sprossen eines jeden Rades eingelassen sind. Durch das obere Rad gehen Hölzer, welche bestimmt sind die Häute darauf zu legen, oder man stellt auch die Rähmen, auf welchen sie sich befinden, zwischen die beiden Räder.

§. 501.

Ein an dem obern Theil der Achse jenes Apparats befindlicher Ring dienet dazu, den Apparat nebst den Häuten aus den Gruben herauszunehmen, nachdem ihr Gehalt an gerbendem Stoffe erschöpft ist, und solche in andere Gruben, deren Gehalt kräftiger ist, zu versenken. Die Achse selbst läuft, in einem Querholz, daß, so oft es erforderlich ist, herausgenommen werden kann; und an den vier Sprossen des untern Rades ist eine Art von Fächern aus Birkenruthen befestiget, welche dazu bestimmt sind, den Boden der Grube aufzurühren, um die in der Grube befindliche Lohe beym Herumdrehen des Rades mit der Flüssigkeit in Berührung zu setzen, und sie dadurch zu verstärken.

§. 502.

Jener Apparat beträgt in seinem Durchmesser 8 Zoll weniger, als der Durchmesser der Grube, in welcher selbiger bewegt wird. Die kreisförmige Bewegung desselben in der Grube, wird mittelst einem Getriebe veranlasset, das in die Zähne des obern Rades eingreift, welche unter einem Winkel von 45 Grad geneigt seyn müssen. Außerdem kann aber der Apparat auch durch einen Hebel, der durch einen eisernen Ring geht, so wie durch eine Schraube ohne Ende in Bewegung gesetzt werden.

§. 503.

Die Tiefe so wie der Durchmesser einer jeden dieser Gruben, richtet sich nach der Breite der Häute, welche darin bearbeitet werden sollen; so wie die Entfernung der Räder von einander, wenn man sich der Räme bedienen will, nach der Länge der Häute berechnet seyn muß; wogegen, wenn die Häute durch die Sparren gezogen werden, selbige nur halb so weit von einander abzustehen brauchen.

§. 504.

So vorgerichtet, wird nun der untere Theil der Grube mit gemahlner Lohe, der übrige Raum aber, nach dem die Häute eingelegt sind, mit Wasser gefüllet. Durch die Bewegung des Doppelrades um seine Achse, wird die Lohe mittelst den am untern Rade angebrachten Fächern aufgerührt, und giebt nun ihren Gerbestoff an das Wasser ab, welches Aufrühren oft erneuert wird, um der Brühe mehr Kraft zu ertheilen. Ist der Gerbestoff einer solchen Grube erschöpft, und enthält sie nur bloß Gallussäure gelöst, welches dadurch erkannt und beurtheilt wird, daß wenn eine Portion dieser Brühe mit aufgelösetem Tischlerleim gemengt wird, kein Niederschlag erfolgt, dann wird das Doppelrad mit sammt den Häuten, mittelst dem Krahn herausgehoben, und in eine frisch angesetzte Grube gebracht, und so fort operirt, bis die Häute Lohgar sind.

Einrichtung der Lohgruben des Lohgerbers Tucker zu Wickham in England.

§. 505.

Der Lohgerber Tucker zu Wickham in England, hat späterhin eine andre Einrichtung der Lohgruben ausgedacht, wobey derselbe Fay's Einrichtung zum Grunde gelegt zu haben scheint. Tucker's Lohgruben sind äußerlich von gegossenem Eisen, oder auch von Bley angefertiget. Im Innern derselben befindet sich ein Kasten von Holz, der durchbohrt ist, um die Extraktion der Lohe hindurch lassen zu können.

§. 506.

Die Größe der Gruben richtet sich nach der Größe der

Häute, und nach der Anzahl derselben, welche mit einemmal in einer solchen Grube bearbeitet werden soll. Die Gruben sind mit Mauerwerk umgeben, und unter dem Boden der eisernen oder blechernen Behälter, laufen Feuer-Kanäle hindurch, um mittelst selbigen die Lohbrühe stets auf einer Temperatur von 25 bis 30 Grad Reaumür zu erhalten, wodurch die Gerbung der Häute in einem hohen Grade beschleunigt wird.

§. 507.

Alle Gruben werden durch einen einzigen Feuerheerd geheitzt, der die Hitze mittelst den Kanälen unter allen Gruben fortleitet, und sie alle hinreichend erwärmt. Die Feuerung geschiehet mittelst ausgezogner Lohe, oder Lohballen. In dem hölzernen Kasten befinden sich die zu gerbenden Häute mit Lohe geschichtet, und das Ganze ist mit Wasser übergossen. Durch den eiserne oder blechernen Kasten wird das Wasser erwärmt, die Extraktion des Gerbestoffs dadurch aus der Lohe begünstiget, und die Gerbung beschleuniget. Ob der eiserne Behälter nicht die Lohbrühe färbe, und die Häute fleckigt mache, hat Tucker nicht erwähnt, es läßt sich aber bestimmt voraussetzen.

Einrichtung der Lohgruben des Lohgerbers Croß zu Lancaster.

§. 508.

Der Lohgerber Croß zu Lancaster, hat eine Art Lohgruben ausgedacht, und in seiner Werkstatt ausgeführt, die alle Vortheile der eben erwähnten in sich vereinigen, die Arbeit sehr abkürzen, und Leder von ganz vorzüglichen Eigenschaften darstellen, und aus dem Grunde eine ganz vorzügliche Aufmerksamkeit verdienen.

§. 509.

Um sich von der Einrichtung der Lohgruben des Croß eine deutliche Vorstellung zu machen, ist eine solche Taf. I. abgebildet worden. Fig. 1. stellt den Grundriß einer solchen Lohgrube dar; Fig. 2. den Durchschnitt nach der Breite, einer der Hauptgruben, so wie einer der Seitengruben; Fig. 3. zeigt den Durchschnitt der Hauptgrube, nach der Länge, um den Rauchfang, den Feuerheerd, den Rost, und den Aschenheerd anschaulich zu machen.

§. 510.

Die Seiten- und Querwände der Gruben selbst sind entweder von hölzernen Bohlen erbauet, oder von Steinen gemauert, und der Boden ist von gegossenem oder dicken Rollbley angefertiget. A A A A stellt die hölzerne Grube vor. Sie ruhet auf einer Mauer von Ziegelsteinen, B B ist der Bleyerne Boden. Er ist mit einem zurückgebogenen Raude versehen, welcher von allen Seiten 3 bis 4 Zoll hoch ist, mittelst welchem solcher innerhalb an den Seitenwänden der hölzernen Grube angenagelt, oder auf eine andere schickliche Art befestiget wird, um wenn ja dieser metallne Boden einmal schadhaft wird, ihn ohne den ganzen Apparat nieder zureißen, leicht repariren zu können.

§. 511.

Die oben genannten Grundmauern besitzen ganz die

Form der Gruben, und es ist überaus nothwendig, darauf zu sehen, daß der bleyerne Grubenboden überall auf der Mauer aufliege, damit das Feuer in keinem Fall darunter hinwegspülen, und mit dem Holze in Berührung treten kann.

§. 512.

Man siehet D D D drey platte eiserne Stangen, welche dazu bestimmt sind, die hölzerne Grube zu halten, und zu verhindern, daß sie durch die Last der zu gerbenden Häute auseinander getrieben werden kann. Zwischen dem nachher zu beschreibenden hölzernen Boden der obern Grube, und den untern bleyernen Boden, ist ein grobes Tuch befestiget, um das Durchfallen der Lohe auf den bleyernen Boden zu verhindern. Die hölzernen Gruben sind aber mit einem Mauerwerk eingefaßt, das 9 Zoll weit von dem Holz entfernt ist, und der Raum zwischen diesem und der Grube ist mit Thon ausgefüllet, um der etwa sich durchdrängenden Feuchtigkeit einen Widerstand zu geben.

§. 513.

E E E E siehet man die Stangen des Rostes, welcher 10 Zoll unter dem bleyernen Boden der Grube placirt ist; und F stellt den Rauchfang vor, der einen Fuß weit von der Grube entfernt seyn muß. Da gewöhnlich drey Gruben erbauet werden, so ist es hinreichend den Zwischenraum derselben mit Thon auszufüllen, wogegen um die Hauptgrube eine zweyte Mauer erbauet werden muß, um die Thonlage zu halten. Die Höhe dieser Mauer, richtet sich nach der Höhe der Grube, und ihre Entfernung von der letztern beträgt 9 Zoll. H ist der Eingang zum Feuerheerd, er befindet sich ebenfalls in dieser Mauer. Um die Vorderseite des Bodens der Grube, und die Mauer selbst tragen zu können, muß selbiger gewölbt seyn.

§. 514.

Um zwischen den zu gerbenden Häuten, und dem bleyernen Boden jener Gruben keine Gemeinschaft zu lassen, weil sonst ohnfehlbar die Häute fleckigt werden würden, so ist in einer Entfernung von 6 Zoll vom bleyernen Boden, ein 4 Zoll dicker Boden angebracht, der an seinen Enden unterstützt ist, und an den Seitenwänden der Grube fest anschließt.

§. 515.

An den vier Ecken jenes hölzernen Bodens werden nun die vier Winkel J J J J so abgeschnitten, daß an jeder Ecke ein dreywinklicher Zwischenraum von 5 Zoll bleibt. Jede dieser Oeffnungen wird nun mit einem Stück groben Leinen übernagelt, und in die winklichen Oeffnungen kleine und leicht schließende Breter eingepasset, die auch durchlöchert seyn können, und bis zur Oeffnung der Grube heraufreichen: jene dadurch entstehenden dreyseitigen Oeffnungen sind dazu bestimmt, daß die gerbende Flüssigkeit in den Gruben sich überall gleichförmig nach allen Seiten hin ausbreiten kann. Um zu dem Aschenheerde zu gelangen, steigt man einige Stuffen hinab, welche auf der Zeichnung nicht angemerkt worden sind.

§. 516.

So ist der Zustand einer Hauptgrube beschaffen; neben jeder solchen Hauptgrube, werden zwey Nebengruben errichtet, die aus Holz erbauet, von allen Seiten mit Thon umgeben, und von der Hauptgrube bloß dadurch verschieden sind, daß sie keinen Metallboden besitzen, und ihnen der Feuerheerd so wie der Aschenheerd mangelt. Man findet M eine dieser Gruben angedeutet, diese Gruben sind ganz aus Holz verfertiget, und 9 Zoll von der Hauptgrube entfernt. Die Vereinigung der Hauptgrube mit den Nebengruben, ist durch zwey metallne Röhren K K, wovon jede 4 Zoll Durchmesser hat, bewirkt. Diese Röhren sind zwischen dem Metallboden und dem hölzernen Boden der Hauptgrube befestiget, und ohngefähr 2 Zoll vom Erstern entfernt. Sie sind dazu bestimmt, die warme Flüssigkeit aus dem untern Theil der Hauptgrube in die Nebengruben zu leiten, und können, wenn es erfordert wird, vermöge der Klappen L L, welche die äußern Enden jener Röhren verschließen, mittelst einem aus der Grube hervorragenden Metalldrath, nach Willkühr verschlossen und geöffnet werden.

§. 517.

Soll mit diesen Gruben gearbeitet werden, so werden die Häute mit dazwischen geschichteter Lohe, die, bevor eine neue Haut eingelegt wird, allemal mit Wasser benetzt seyn muß, eingebracht, dann die Grube mittelst den Seitenöffnungen J J J J mit der nöthigen Quantität Wasser gefüllet und bedeckt. Der Heerd wird hierauf mit ausgelaugten

Lohballen geheitzt, und diese Heitzung sofort unterhalten, daß das Fluidum stets eine Temperatur von 30 Grad Reaumür behält. Das warme Wasser theilt die Hitze mittelst den Communicationsröhren den nicht besonders geheizten Seitengruben mit, und der Erfolg des Gerbens wird hierdurch in einem hohen Grade beschleunigt. Die Häute müssen übrigens von Zeit zu Zeit in Bewegung gesetzt werden, um sie aufzulockern. Herr Croß behauptet auf diese Art $\frac{7}{8}$ der Zeit gegen die gewöhnliche Art zu ersparen. Noch schneller würde man aber meiner Meinung nach die Operation beendigen können, wenn man statt des Wassers sich einer vorher angefertigten Lohbrühe bedienen wollte, wie solches bey der Seguinschen Gerbungsart gebräuchlich ist: wenigstens würde man dann die Lohe nicht so oft erneuern dürfen.

Einrichtung der Lohgruben nach der Art des Lohgerbers Franz Brewin zu Bermandsey, in der Grafschaft Su-rey in England.

§. 518.

Der Lohgerber Brewin hat eine andere Einrichtung der Lohgruben eingeführt, in welchen derselbe mit Lohextrakt, das durch die Extraktion der gemahlnen Lohe mit Wasser bereitet worden ist, das Gerben der Häute veranstaltet. Um eine deutliche Vorstellung von Brewins Einrichtung zu erhalten, bemerke man folgende Figur mit ihren Nummern.

25	26	27	28	29	30	31	32	33	34	35	36	24 Gruben.
3	4	6	7	9	10	12	14	16	18	20	22	
1	2	5	8	11	13	15	17	19	21	23	24	12 Behälter.

Jeder von den 12 Behälter von Numero 1 bis 24 fasset seinem Inhalte nach anderthalbmal so viel in sich, als jede der 24 Gruben von Numero 3 bis 36, und die Tiefe dieser Gruben ist von der Anzahl der Häute abhängig, welche mit einemmal darin bearbeitet werden sollen.

§. 519.

Jede Grube, so wie jeder Behälter, ist mit einem zweyten Boden versehen, der in einer Höhe von 4 Zoll vom untern Boden entfernt, und mit einem Hahn versehen ist, um das Fluidum ablassen zu können. Jene 12 Behälter (1 bis 24) sind zur Extraktion der Lohe mit kaltem Wasser, so wie zur Aufbewahrung der dadurch gewonnenen Lohbrühe bestimmt; und der Gehalt an Gerbestoff, welchen jede Brühe enthält, wird durch die an jedem Behälter bemerkte Zahl angegeben; wogegen an den Gruben die bemerkte Zahl den Grad der Erschöpfung andeutet, welchen das Fluidum erlitten hat; wobey die niedrigste Nummer jedesmal den schwächsten, die höchste aber den stärksten Gehalt des Fluidums andeutet.

§. 520.

Jene Gruben oder Behälter sind ganz nach gewöhnlicher Art erbauet. Die Art zu operiren, deren sich Brewin bedienet, weicht aber von jeder andern bedeutend ab. Man denke sich zum Beyspiel die Behälter 1 bis 24 mit Lohe, die 24 Gruben von 3 bis 22 aber mit frischen Häuten, und die von Numero 25 bis 36 mit gerbender Lohbrühe gefüllet, die aus verschiedenen Behältern geschöpft ist, so daß Numero 36 den meisten Gerbestoff enthält. Nur die mit 1 bezeichnete Grube bleibt leer, um die entkräftete Flüssigkeit aus der letztern Grube aufzunehmen, und, indem sie auf frische Lohe gebracht wird, ihre Wirksamkeit wieder zu erneuern.

§. 521.

Sobald man bemerkt, daß die Flüssigkeit irgend einer Grube erschöpft ist, daß sie ihren Gerbestoff verloren hat, so wird selbige abgelassen, und der dadurch entstandene Raum mit der Flüssigkeit aus dem stärkern Behälter wieder gefüllet; wogegen die erschöpfte Flüssigkeit nun in den Behälter übergeführt wird, der die stärkere Brühe enthielt; welcher Behälter alse nun einen schwächern Grad von Lohebrühe darbieten wird.

§. 522.

Während die Häute zum Gerben eingelegt werden, kommen sie erst in die schwächste Lohbrühe, und bekommen so nach und nach die stärkere, bis solche zuletzt in der stärksten oder reichhaltigsten vollends gahr gemacht werden; daher es nothwendig ist, wenn bey einer neuen Einlegung keine schwache Brühe vorhanden ist, den Anfang lieber mit solchen Häuten zu machen, die bereits einen Theil der Gerbung ausgestanden haben.

§. 523.

Um die gegerbten Häute aus der Grube herauszunehmen, bedient Brewin sich eines Krahns, der auf einem Wagen errichtet ist, auf welchem derselbe in der Anstalt von einem Ende zum Andern herumgeführt werden kann, und die Häute dahin bringt, wohin sie kommen sollen.

§. 524.

In Brewin's Werkstatt, welche sehr groß ist, wird das Hin- und Herschaffen der Flüssigkeiten durch ein Roßwerk veranstaltet; und ein Getriebe, das nach Erforderniß ein und ausgehoben werden kann, setzt den Krahn in Bewegung, und ziehet die Häute aus den Gruben heraus.

Vorschlag zu einer neuen Einrichtung der Lohgruben von Herrn O'Reilly.

§. 525.

Der Vollständigkeit wegen kann ich nicht unterlassen hier noch von einer neuen Einrichtung der Lohgruben Nachricht zu ertheilen, welche von Herrn O' Reilly in Vorschlag gebracht worden ist, und welche derselbe aus den mannigfaltigen Verbesserungen, die vorzüglich in England seit einigen Jahren in dieser Hinsicht gemacht worden sind, gebildet zu haben scheint.

§. 526.

Man errichte z. B. drey Stuffen aus Erde von hinreichender Höhe, deren Einsturz durch eine Vormauer verhindert wird. In der obern Reihe bringe man 3 Behälter mit doppeltem Boden und Filtrirung, zum Ausziehen der gemahlnen Lohe an, und zwar so, daß der Boden des erstern hoch genug stehet, um die Flüssigkeiten daraus in den zweyten, und aus diesem in den dritten ablassen zu können.

§. 527.

In der zweyten Reihe werden nun die nach des Herrn Croß gemachter Angabe erbaueten Lohgruben angelegt, jedoch mit dem Unterschied, daß hier keine Grube mit der andern in Verbindung steht. Eine ähnliche Reihe solcher Gruben wird nun auch in dem untern Range placirt.

§. 528.

In dem untern Stock wird ein Heerd angebracht, um die Gruben, mittelst unter ihnen hinweggehenden Feuerleitungsröhren, heitzen zu können, deren Rauch sich durch einen außerhalb der Werkstatt angebrachten Rauchfang verliert, und mit einer Klappe versehen ist, um, je nachdem es erfordert wird, die Hitze verstärken oder mildern zu können.

§. 529.

Um vermittelst dieser Art zu arbeiten, werden die übereinanderstehenden Behälter mit gemahlner Lohe gefüllt, welche mit Wasser übergossen ist. Das Wasser laugt den Gerbestoff aus, indem das Fluidum aus dem ersten in den zweyten, und aus diesem in den dritten Behälter abgeleitet wird, er-

streckt

verstärkt es sich in seinem Gehalt an Gerbestoff, so wie der davon abhängenden gerbenden Kraft.

§. 530.

In den Gruben des zweyten und dritten Ranges, befinden sich die zu gerbende Häute, in Rahmen ausgespannt, sie empfangen so die Lohbrühe aus dem obern Behälter, die durch Leitungsröhren dahin geführt wird. Sind aber die Flüssigkeiten ihres gerbenden Stoffes vollkommen beraubt, dann werden selbige in einen Behälter abgelassen, der unter der letzten Stufe in der Erde angebracht ist, und aus denen selbige wieder mittelst Pumpen in den Extraktionsbehälter, zur Auslaugung einer neuen Lohe, geleitet werden können.

§. 531.

Damit die Arbeiter die zu gerbenden Häute in die Gruben bequem einlegen und herausnehmen können, muß zwischen jeder Grube ein hinreichender Raum übrig gelassen werden; und um die Rähme, in welche die zu gerbenden Häute eingespannt sind, bequem aus der Grube herausnehmen zu können, befindet sich an jedem Rahm ein Ring. Indem durch diesen Ring eine Stange gesteckt wird, können sie mittelst dem von Croß angegebnen Kahn leicht herausgehoben, und mittelst dem Wagen von einem Orte zum andern transportirt werden. Diese Einrichtung gründet sich allerdings bloß auf eine Ideal, aber sie verdient näher untersucht zu werden, und ihrer Ausführbarkeit steht in der That nichts entgegen. Daß auch nach dieser Einrichtung das Gerben der Häute in flüssigem Lohextrakt verrichtet wird, geht aus dem ganzen Zusammenhange hervor. Ich begnüge mich diese neuen Einrichtungen hier beschrieben zu haben, und halte mich bey der Einrichtung der ältern Lohgruben um so weniger auf, da solche jedem Lohgerber hinreichend bekannt sind.

Von der Behandlung der Häute in den Lohgruben.

§. 532.

Bevor die zu gerbenden Rindshäute in die wirkliche Lohgrube zum Gerben eingelegt werden, bringt man selbige gewöhnlich erst in eine schwache ihres gerbenden Stoffes schon meist beraubte Lohbrühe, oder in eine besonders dazu vorbereitete Brühe von Birkenrinde; welche die Treibfarbe genannt wird.

§. 533.

Diese Operation ist im Grunde nichts anders als der Anfang eines wirklichen Gerbens, durch den in der Flüssigkeit aufgelöseten Gerbestoff, und macht eine Operation aus, die, obschon solche bey der gewöhnlichen Gerbungsart sehr zweckmäßig ist, doch bey der in der Folge zu beschreibenden Gerbungsart auf dem naßen Wege, nemlich der Seguinischen Gerberey, völlig entbehrt werden kann.

§. 534.

Haben die Häute die Treibfarbe erhalten, dann kommen selbige in die Lohgrube. In einigen Ländern werden sie vorher gewöhnlich in drey Theile zerschnitten, so daß der mittlere Theil oder das Rückenschild, allein bleibt, welches nun das Kernleder liefert. In einigen werden sie in zwey Theile zerschnitten; gewöhnlich läßt man sie aber ganz.

Behandlung der Häute mit Eichenlohe.

Erste Versetzung.

§. 535.

Um das Einlegen der vorbereiteten Häute in die Lohgrube zu veranstalten, wird erst auf dem Boden der Grube, entweder von alter schon gebrauchter Lohe, besser aber von frischer Lohe eine Schicht von 6 bis 8 Zoll angehäuft; im erstern Fall pflegt man die alte Lohe bloß einen Zoll hoch mit frischer zu überschütten. Auf diese erste Schicht der Lohe, wird dann die Haut ausgebreitet, und nun die obere Fläche ein auch zwey Zoll hoch mit Lohe überschüttet, wobey man darauf Rücksicht nimmt, daß die dickern Stellen der Haut auch etwas dicker als die dünnern mit Lohe überstreuet werden. Auf die Loheschichten kommt nun eine zweyte Haut, die dann abermals eben so wie vorher bemerkt worden, mit Lohe beschüttet wird; und so wird die Operation forgesetzt, bis die Grube voll ist. Die oberste Haut bekommt gleichfalls eine gute frische Lohe, über welche eine Schicht von 6 bis 8 Zoll hoch alte Lohe gebracht wird.

§. 536.

Ist dieses Einlegen und Beschütten der Häute mit Lohe, welches in der Kunstsprache die erste Versetzung genannt wird, vollendet, so wird die obere Schicht der Lohe mit Brettern bedeckt, und diese, um die Lohe besser an die Häute zu drücken, mit Steinen beschwert. Ist auch dieses geschehen, so wird die Grube nach und nach mit Wasser angefüllt, und so oft dieses eingesogen worden, frisches nachgegossen, bis solches zuletzt über den Häuten empor stehet. Die Gruben werden nun bedeckt, und bleiben so gewöhnlich 3 Monath liegen.

Zweyte Versetzung.

§. 537.

Ist die erste Versetzung vollendet, wobey man darauf Rücksicht nimmt, daß die Häute mit der Fleischseite nach unten zu gelegt werden, so werden sie herausgenommen, durch Schütteln von der anhangenden Lohe befreyet, und ihnen nun die zweyte Versetzung gegeben. Die neue Grube und das Einlegen in dieselbe wird jetzt eben so veranstaltet wie das erstemal, nur daß jetzt die Häute mit der Narbenseite nach unten, und mit der Fleischseite nach oben zu gelegt werden. In dieser zweiten Versetzung bleiben selbige 4 Monathe lang liegen.

Dritte Versetzung.

§. 538.

Nach beendigter zweyter Versetzung werden die Häute wieder aus der Lohe herausgenommen, um ihnen nun die dritte Versetzung zu geben. Hierbey werden selbige wieder mit der Fleischseite nach unten, und mit der Narbenseite nach oben gelegt, und das Schichten derselben mit der Lohe, ganz nach der vorher angegebnen Art verrichtet. In der dritten Versetzung bleiben die Häute gewöhnlich 5 Monath liegen; manche lassen sie auch wohl 8 Monath darin, manche aber auch wohl nur 4 Monath; so daß man von der ersten Versetzung an, bis zur völligen Lohgarmachung, allemal 11, 12, bis 15 Monath rechnen muß.

§. 539.

Bey dieser Art des Einschichtens der Häute mit der Eichenlohe, pflegt man zuweilen die Lohe von einem verschiedenen Grade der Zartheit anzuwenden, so daß man bey der ersten Versetzung ganz fein gemahlne Lohe, bey der zweyten etwas gröber gemahlne; und bey der dritten noch gröber gemahlne Lohe anwendet. Noch einige Gerbereyen sind sogar gewohnt eine vierte Versetzung der Häute mit frischer Lohe zu veranstalten, und glauben dann noch ein weit besseres Leder zu erhalten. Uebrigens beobachtet man noch, und zwar mit vielem Grunde, die Vorsicht, daß beym Uebertragen der gerbenden Häute aus einer Grube in die andere, solche allemal in umgekehrter Ordnung eingelegt werden, so daß diejenigen, welche das vorigemal oben gelegen haben, nun nach unten zu liegen kommen, um allen eine gleiche Quantität Lohe zu geben, welches zur gleichförmigen Lohgarmachung überaus nothwendig ist.

Kennzeichen, wenn die Haut lohgar ist.

§. 540.

Die Zeit überhaupt, welche zur wirklichen Lohgarmachung einer dicken Rindshaut erfordert wird, ist sehr unbestimmt, sie hängt von der Dicke der Haut, und von der Güte der Lohe, vornemlich von der Reichhaltigkeit derselben an Gerbestoff, ab. Wäre die Eichenlohe sich immer gleich, dann würde auch bey einerley Gewicht der Häute, und bey gleicher Quantität der angewendeten Lohe, die Zeit immer gleich seyn, wo die Lohgarmachung beendigt ist. Da aber wie (§. 305.)

bereits bemerkt worden ist, die Quantität des Gerbestoffs der Eichenrinde, wenn die Bäume im Winter gefället worden sind sich zu der von den im Frühjahr gefälleten Bäumen wie 30 : 108 das ist wie 1 zu $3\frac{1}{3}$ verhält, so wird auch die Zeit sehr verschieden seyn müßen, welche bey jeder Art der Rinde erfordert wird, um die Haut vollkommen lohgar zu machen.

§. 541.

Der Zeitpunkt wo die Haut ihre Gahre erhalten hat, kann also nur allein aus der Beschaffenheit derselben bestimmt werden, welche selbige erkennen läßt. Die Kennzeichen einer völlig lohgahren Haut bestehen aber in Folgendem: 1) daß solche beym Einschneiden inwendig faserig, nicht mehr fleischig ist; 2) daß der innere Streif nicht weiß und durchscheinend, sondern gelb und undurchsichtig ist; 3) daß ein Stückchen, wenn solches getrennt wird, im Innern keinen schwarzen hornartigen, sondern einen braunen lederartigen Streif besitzt, der beym Schaben mit dem Messer leicht faserig wird. Zeit und Lohe, welche erfordert werden, um jene lohgaren Eigenschaften der Haut zu veranlassen, sind also sehr relativ, denn alles hängt von der Reichhaltigkeit ihres Gerbestoffs, so wie der Art ihrer Anwendung ab.

§. 542.

Ganz der Natur der Sache zuwider ist daher der Grundsatz, welchen die allermeisten Lohgerber annehmen: „das Leder werde um so viel dauerhafter, je länger solches in der Grube bleibt, und jemehr dasselbe Lohe erhalte," weil solcher bloß auf eine Verschwendung von Zeit und Lohe hinausläuft: denn wenn die Haut einmal so viel Gerbestoff aufgenommen hat, als selbige der Affinität zufolge aufnehmen konnte, welche zwischen diesem Gerbestoff so wie zwischen der Gallerte und der Thierfaser existirte, so ist sie damit gesättiget, und sie verhält sich gegen die übrige Lohe völlig passiv, wenn sie auch noch so viel bekommt, und noch so lange in der Grube liegen bleibt.

Bemerkungen über die vorigen Gegenstände.

§. 543.

Wenn man den Ursachen genau nachdenkt, welche hier die Wirkungen des Gerbens gegen die Häute veranlassen, so erkennt man leicht, daß die angeführten Behandlungsarten, wenn das Gerben mit Eichenlohe veranstaltet wird, noch mancherley Verbesserungen, in der praktischen Ausübung zulassen, die hier etwas näher erörtert werden sollen.

§. 544.

Die Eichenlohe enthält Gerbestoff, Gallussäure und färbende Theile. Werden die Häute in der Grube mit der Lohe geschichtet, und das Ganze mit Wasser übergossen, so löset solches die vorher genannten extraktiven Stoffe aus der Lohe allmählig auf, und erzeugt damit eine gerbende Brühe, aus welcher die Hautsubstanz, vermöge der dazu habenden chemischen oder mischenden Affinität (§. 32.) den Gerbestoff einsaugt, um gegerbt zu werden, während die Gallussäure und der Farbestoff solchem die Lederfarbe ertheilen, und die übrige Gallussäure in der Flüssi keit zurück bleibt.

§. 545.

Damit nun der Gerbestoff der Lohe, so wie selbiger durch das Wasser aus derselben extrahirt worden ist, desto mehr Gelegenheit findet, mit den nassen Theilen der Haut in Berührung und Mischung zu treten, ist es unumgänglich nothwendig, die Haut vor dem Einschichten in die Grube, möglichst vollkommen von dem ihr inhärirenden Wasser zu befreyen. Dieses Reinigen der Häute vom Wasser geschiehet leider gewöhnlich nicht, aber das in den Häuten zurückgebliebene Wasser verhindert dann auch das Eindringen der gebildeten Lohbrühe in ihre Zwischenräume, folglich des Gerbestoffs, welcher darin aufgelöst ist, und verlängert die Operation des Gerbens selbst, ganz ohne Noth. Aus dem Grunde ist es daher sehr anzurathen, die Häute vor dem Einlegen in die Grube vorher gut auszustreichen, um selbige von dem ihnen inhärirenden Wasser, möglichst vollkommen zu befreyen.

§. 546.

Ein zweyter Umstand, der hier berücksichtigt zu werden verdienet, ist die Quantität des Wassers, welche im Verhältniß zur Lohe und zu den Häuten, in der Lohgrube angewendet wird. Hierin weichen die deutschen Gerbereyen von den englischen ganz vorzüglich sehr ab. Die deutschen Gerbereyen arbeiten zu trocken, die extrahirte Lohbrühe wird zu reichhaltig an Gerbestoff, zu geringhaltig an Wäßrigkeit, und wirkt mit zu vieler Schnelligkeit in die Substanz der Häute. Diese nehmen davon einen harten Zustand an, und liefern nach dem Gerben ein Sohlleder, das wegen seines Mangels an Biegsamkeit und Geschmeidigkeit, dem englischen weit nachstehen muß.

§. 547.

Die englischen Gerbereyen bedienen sich einer viel nässern Methode, sie wenden so viel Wasser an, daß die Häute gewissermaßen in einem Zustande des Schwimmens in der Grube erhalten werden. Hiedurch erfolgt ein regelmäßigeres Extrahiren des Gerbestoffes, die Bildung einer dünnern Lohbrühe, und die langsamere Einsaugung des Gerbestoffes aus dieser durch die Substanz der Haut: und die Folge davon ist: die Bildung eines mehr biegsamen, mehr elastischen, und schöner gefärbten Leders.

Von den Gerbematerialien, deren man sich zu dem Sohl- oder Pfundleder in verschiedenen Ländern bedient.

§. 548.

In Deutschland, England und Frankreich, und allen denjenigen Ländern überhaupt, wo viele Eichen wachsen und gefället werden, bedient man sich fast ausschließlich der Eichenrinde zum Gerben. In andern hingegen, wo die Eichen entweder seltner sind, oder solche doch andre Produkte für die Gerberey darbieten, werden diese in Anwendung gesetzt.

§. 549.

In Ungarn, so wie in den Oesterreichischen Staaten bedient man sich ganz vorzüglich der Knoppern (§. 288.); die reichhaltiger als die Eichenrinde an Gerbestoff sind, daher selbige auch in geringrer Qiantität erfordert werden, und die Garmachung in einer kürzern Zeit verrichten: denn während man für eine starke Ochsenhaut, die zu gutem Pfund oder Soaileder bestimmt ist, für die 3 Versetzungen zusammengenommen ohngefähr 200 Pfund Eichenlohe, und wenigstens 12 Monath Zeit gebraucht, werden zu einer gleichen Haut nur 55 bis 60 Pfund Knoppern, und ein Zeitraum von 6 Monath zur völligen Lohgarmachung erfordert. In Italien, namentlich in Neapel, bedient man sich des Laubes von dem daselbst wachsenden Myrthenbaum oder Gerbestrauch (Corriaria Myrtifolia.) Von diesem werden auf eine Haut 6⅓ Centner erfordert. Die Zeit des Gahrmachens dauert hier an 2 bis 3 Jahr. Auf der Insel Färöe gebraucht man die Tormentillwurzel (§. 315.). In Island den Bocksbarth (Spiraea ulmaria). In Rußland den Post oder Kienpost (§. 322.); und es giebt noch hundertfältig andere Pflanzensubstanzen, welche mit gleichem Erfolg statt der Eichenlohe angewendet werden können.

Bearbeitung der gegerbten Sohlleder, wenn solche aus der Lohgrube kommen.

§. 550.

Die lohgaren Häute oder Leder, werden aus der Grube herausgenommen, und ohne solche von den noch daran haftenden Theilen der Rinde abzukehren oder zu schütteln, aufgehängt, um sebige an einem schattigen Orte zu trocknen. Das Aufhängen geschehet entweder auf Stangen, oder sie werden mit den Kopf-Enden aufgenagelt, und die beyden

Hälften mit einem oder auch zwey Stöcken auseinander gespreizt, damit sie in allen Punkten von der Luft gleichförmig berührt werden können. Das Aufhängen und Trocknen geschiehet im Sommer, am besten auf einem luftigen, dem einwirkenden Sonnenschein nicht ausgesetzten Boden, im Winter aber in geheizten Stuben.

§. 551.

So wie die aufgehängten Häute nach und nach ihre Feuchtigkeit verlieren, und mit der einwirkenden Luft in Berührung kommen, saugen selbige einen Theil Sauerstoff (§. 67. b.) daraus ein, wodurch ihre Farbe auf der Oberfläche aufgeklärt und heller gemacht wird.

§. 552.

Haben selbige einen gehörigen Grad von Steifigkeit angenommen, ohne vollkommen trocken zu seyn, dann werden sie ausgerichtet. Zu diesem Behuf werden die gegerbten Häute auf einem reinen Platz ausgebreitet, und um allen etwa daran gebildeten Schimmel hinwegzuschaffen, mit trockner gemahlner Lohe abgerieben; und um selbige gleich zu richten, und alle Erhöhungen derselben zu ebnen, besonders auf der Fleischseite, mit den Füßen stark niedergetreten.

§. 553.

So vorgerichtet werden die halbtrocknen und ausgerichteten Leder nun gestapelt. Nemlich sie werden Kopf auf Kopf, und Schwanz auf Schwanz auf einander gelegt, und bleiben so einen Tag lang liegen. Den folgenden Tag werden sie wieder auf die Trockenstangen gebracht, um hier noch vier Tage lang mäßig zu trocknen. Jetzt sind sie beynahe trocken. Sie werden nun wieder gestapelt, der aufgestapelte Haufen mit Bretern belegt, und diese mit Steinen beschwert, um die Häute zu pressen; wogegen diejenigen Häute oder auch bloß Stellen, die höckrig und uneben sind, vorher auf einem hölzernen Block, und mit einem hölzernen Schlägel wohl ausgeklopft werden müssen.

§. 554.

Die so vorgerichteten, auch jetzt noch nicht vollkommen ausgetrockneten Leder, werden nun in einen kühlen Raum gebracht, und drey Wochen hindurch öfters umgelegt, in Haufen gestapelt, bald umgekehrt, bald in Form eines Fächers ausbreitet. Nach einem Zeitraum von 3 bis 4 Wochen sind sie nun völlig trocken, und zum Gebrauch geschickt.

§. 555.

In England wird fast alles Leder, das zu Sohlen bestimmt ist, geklopft, das Klopfen geschiehet mit hölzernen Schlägeln, auf einer steinernen oder auch nur hölzernen Tafel. Dieses Klopfen der Häute vor dem völligen Austrocknen ist keine unnöthige Arbeit, sondern hat auf die Güte des Leders in der That einen sehr wichtigen Einfluß: denn der Zustand einer gegerbten Haut, ist locker und poröse; so lange ihre Fiebern daher noch weich sind, nehmen solche durch das regelmäßig veranstaltete Klopfen einer Art von Filzung an, und mit dieser wird die Dichtigkeit, Festigkeit, und davon abhängende Elasticität des Leders, in einem hohen Grade vermehrt und begünstiget: daher auch diese Arbeit allgemein eingeführt zu werden verdiente.

Zweyte Abtheilung.

Von der Lohgarmachung der dünnen Kühe und Pferdehäute, die zu Schmalleder bestimmt sind.

§. 556.

Bey der Vorbereitung der starken zu Pfund oder Sohlleder bestimmten Ochsenhäute, ist bereits bemerkt worden, daß solche im Einweichen, Schwitzen, Abhaaren und Schwellen derselben bestehet, und daß der Kalkäscher dabey gar nicht gebraucht wird. Obgleich derselbe auch bey den dünnen Kühe- und Pferdehäuten die zu Schmalleder, nemlich zu Unterlagssohlen, und manchem andern Behuf bestimmt sind, der Kalkäscher ebenfalls völlig entbehrt werden kann, so pflegt man ihn doch bey diesen gememeiniglich in Anwendung zu setzen: daher nun auch diese Operation hier näher entwickelt und nach wissenschaftlichen Grundsätzen erklärt werden soll.

§. 557.

Das Behandeln der Thierhäute im Kalkäscher, (welches nur in ältern Zeiten auch mit den starken Ochsenhäuten verstattet wurde, jetzt bey diesen aber wenig mehr im Gebrauch ist), folgt vor dem Abhaaren derselben, und geht auch der Schwellung in Sauerwasser voraus. Man bedient sich bey dieser Operation gemeiniglich mehrerer Aescher von verschiedenem Gehalt. Diejenigen die ihre Wirksamkeit bereits fast verloren haben, werden todte Aescher genannt.

§. 558.

Aus der (§. 222.) bereits gegebenen Darstellung von der Natur und den Eigenschaften des gebrannten Kalkes, ist bekannt, daß selbiger eine reine ihrer Kohlensäure beraubt und dadurch ätzend gewordene Kalkerde ausmacht, die darauf gegossenes Wasser mit Begierde einsaugt, dessen festen Antheil bindet, und den Wärmestoff, der jenem vorher die liquide Form gab, daraus entwickelt, von dessen Entweichung dann auch die Hitze entstehet, mit welcher das Löschen des gebrannten Kalks begleitet zu seyn pflegt.

§. 559.

Ein solcher gebrannter und mit Wasser gelöschter Kalk ist es nun, der die Materie bestimmt, welche das Wirksame im Kalkäscher ausmacht. In Frankreich rechnet man für einen frischen Aescher zu 80 Häuten gemeiniglich 17 Kubikfuß gelöschten Kalk, der vorher bis zur Entstehung der Kalkmilch, mit der nöthigen Quantität Wasser gelöscht worden ist.

§. 560.

Wenn man aber bedenkt, daß ein Theil Kalk, um wahres Kalkwasser (§. 124.) zu bilden, 680 Theile Wasser zur Lösung erfordert, daß die sogenannte Kalkmilch eine bloß mechanische Mengung des gebrannten Kalkes mit dem Kalkwasser ist: so folgt auch das, daß jene Quantität des Kalkes für 80 Häute z. B. Küh- oder Roßhäute viel zu viel ist, und eine weit geringere Quantität von selbigem hiezu hinreichend seyn kann.

§. 561.

Man bedient sich gemeiniglich dreyer Aescher, eines todten der schon mehrmals gebraucht worden ist, eines schwachen, der nur ein oder zweymal gebraucht worden ist, und eines frischen, welcher eben neu angestellt worden ist.

§. 562.

Die vorzubereiteten Häute kommen zuerst in den todten oder schwächsten Aescher. Man versteht darunter einen solchen, der wenig mehr scharf schmeckt. Die Kräfte eines solchen Aeschers gehen weniger durch seine Einwirkung auf die Häute, als vielmehr dadurch verloren, daß der darin befindliche und mit Wasser gelöschte gebrannte Kalk, nach und nach Kohlenstoffsäure (§. 125.) aus dem Dunstkreise einsaugt, wodurch derselbe wieder in den Zustand des rohen Kalkes übergeführt wird: welches auch an der kristallinischen Kruste, welche sich auf der Oberfläche eines solches Aeschers oft bildete (dem Kalkrahm) sehr leicht wahrgenommen werden kann.

§. 563.

Um die Häute in den ersten Aescher einzulegen, wird der Inhalt desselben mit Krücken wohl aufgerührt, um alles in den Zustand einer Kalkmilch zu verwandeln. Die Häute werden nun nach einander eingelegt und wohl ausgebreitet, damit alle Punkte derselben mit den niederfallenden Kalktheilen bedeckt werden können, und dann alles in Ruhe gelassen. In einem solchen todten Aescher läßt man sie 3 auch 4 Monathe, während welcher Zeit solche von 8 Tagen zu 8 Tagen aufgeschlagen werden, und nach einer achttägigen Aufschlagung wieder eben so lange in den Aescher kommen.

§. 564.

Ist diese Operation beendigt, dann kommen die Häute in den zweyten oder stärkern Aescher, der nur ein oder zweymal gedienet hat. Hierin werden selbige ganz nach der vorerwähnten Art und auch eben so lange behandelt. Nach dem Ausschlagen der Häute von 8 zu 8 Tagen, werden solche auch in diesem Aescher allemal wieder eingelegt, und sie bleiben abermals vier Monath lang darin.

§. 565.

Ist auch diese Operation beendigt, so kommen nun die Felle in den dritten oder ganz frischen Aescher, worin solche zwey Monath lang behandelt werden, und zwar so, daß selbige von 8 zu 8 Tagen aufgeschlagen werden.

§. 566.

Wenn die Felle aus dem dritten Aescher kommen, dann sind solche hinreichend vorbereitet, um abgefleischt, gestrichen, gewalkt und gewässert zu werden, bis alle Kalktheile vollkommen daraus hinweggeschafft worden sind, welche sonst theils den Gerbestoff in der Lohgrube zerstören, anderntheils aber auch die gegerbten Häute spröde und brüchig machen würden.

§. 567.

In England, namentlich zu Oxford, werden die aus dem Kalkäscher gekommenen Häute auch noch in Taubenmist eingelegt und 8 bis 14 Tage darin gelassen. Auf 12 Felle rechnet man den Umfang von ohngefähr 20 Pfund Wasser von solchem Taubenmist. Man knetet denselben mit Wasser an, legt die Felle 8 Tage lang hinein, und

schlägt

schlägt solche täglich 30 Minuten lang auf. Der Taubenmist soll die Felle auf eine angenehme Art erweichen, ihnen ihre sonstige Sprödigkeit rauben, und solche zur Einsaugung des Gerbestoffes sehr gut vorbereiten.

Behandlung der vorbereiteten Kuh- und Roßhäute in der Lohe.

§. 568.

Bevor die zum Schmalleder bestimmten Kuh- und Pferdehäute nach dem Abhaaren, in die eigentliche Lohe gebracht werden, ist es nothwendig, solche erst einige Zeit in einer schwachen Lohebrühe oder Treibfarbe zu behandeln. Das Schwellen derselben im Sauerwasser ist nicht erforderlich, weil das Schmalleder gemeiniglich weniger zu Sohlen, als vielmehr als Glanzleder zu Stiefelschäften, Wagendecken rc. verarbeitet wird.

§. 569.

Um jenes Treiben der Häute zu veranlassen, werden selbige 3 bis 4 Tagelang in einer Brühe herumgearbeitet, welcher der Gerbestoff schon meist entzogen ist, und in welcher daher nur noch die Gallussäure den wirkenden Stoff ausmacht. Hat man diese Flüssigkeit aber nicht, so ist eine schwache Lohebrühe als Treibfarbe gleichfalls hiezu qualificirt.

§. 570.

Jene Behandlung der zu Schmalleder bestimmten Häute geschiehet gewöhnlich in hölzernen Bottichen, welche 6 Fuß weit, und 4 Fuß tief sind. Auf 24 Kuhfelle sind schon

5 Körbe Lohe hinreichend, wobey der Gehalt des Korbes auf 20 Zoll Weite und 13 Zoll Tiefe angenommen wird. Man bringt die Lohe mit heißem Wasser übergossen in den Bottich, läßt alles eine Zeitlang recht wohl durcheinander arbeiten, wirft die Häute hinein, welche gleichfalls müssen darin herumgearbeitet werden.

Jene Operation muß einige Tagelang fortgesetzt werden. Man nimmt an jedem Tage die Felle einmal aus der Brühe, läßt solche aufschlagen, über dem Treibbottich abtröpfeln, und bringt solche dann wieder hinein, nachdem vorher die Masse im Bottich mit etwas frischer Brühe versetzt worden ist. Die Felle nehmen durch diese Behandlung eine gelbbraune Farbe und einen genarbten Zustand an.

Fernere Behandlung der Felle in der Lohe.

§. 571.

Wenn diese Vorbereitung beendigt ist, kommen die Häute mit Lohe und Wasser gemengt, in den Ruhebottich, um nun hier erst die völligere Gahre zu erhalten. Sie werden zu dem Behuf in dem Bottich mit der Lohe geschichtet, indem man solche der Länge nach ausbreitet, von allen Punkten mit Lohe umgiebt, und Wasser darauf gießt; in welchem Zustande solche dann nach Verhältniß der Temperatur 4 auch 6 Wochen liegen bleiben. Diese Operation wird in den französischen Gerbereyen Refuisage genennt.

§. 572.

Ist auch diese Operation beendigt, dann werden die Häute herausgenommen, und darauf in einer Lohgrube mit

Lohe versetzt, wobey ebenfalls die Grube gut verschlossen gehalten werden muß. In dieser Versetzung mit Lohe bleiben selbige drey Monath, sie werden alsdann herausgenommen und erhalten eine zweyte Versetzung, in welcher sie 5 bis 6 Wochen beharren. Darauf werden sie wieder herausgenommen, und zur ferneren Bearbeitung zu Glanzleder, welches Leder für Sattler und Riemer bestimmt ist, dem Zurichter übergeben. Daß man außer den Roß- und Kuhhäuten auch Häute von jungen Ochsen, sogenannte Bücklingsfelle, auf eine gleiche Art verarbeitet, welche denn sämmtlich unter dem gemeinschaftlichen Namen Roß- oder Kuhleder verkauft werden, darf ich wohl nicht erst erinnern.

Dritte Abtheilung.

Von der Lohgarmachung der wilden und zahmen Schweinshäute.

§. 573.

Die Schweinshäute, sowohl von zahmen als wilden Thieren, liefern, wenn selbige lohgar gemacht werden, ein vorzüglich schönes Leder, welches zur Verarbeitung um englische Reitsättel oder Pritschen daraus zu fabriziren, mehr als irgend ein anderes ganz besonders geeignet ist. Nur ist es Schade, daß man allgemein Bedenken trägt, die getödeten wilden und zahmen Schweine vor dem Verbrauch des Fleisches abzuledern, weil die starken Felle derselben mit ihrem Fleisch zu einerley Preis, also theurer verkauft werden, als man solche an die Gerbereyen würde verkaufen können; daher im Ganzen genommen nur wenig solche Häute gegerbt werden, und nicht alles ächtes Schweinsleder ist, was zu Reitsätteln verarbeitet, für dasselbe ausgegeben wird, ob schon der Kenner, aus den stärkern Narben und den oft noch darin sitzenden sehr harten und steifen Haarwurzeln, (weil Ochsen, Kühe und Pferde weniger starke borstenartige Haare b sitzen) das ächte Schweinsleder vom untergeschobenen sehr gut unterscheiden kann.

§. 574.

Um die Schweinshäute zu enthaaren, ist es hinreichend, wie solches in den Schlächtereyen gebräuchlich ist, das getödete Thier ein paarmal mit siedendem Wasser anzubrühen, worauf die Haare sich sehr gut lösen, und nun mit dem Schabeisen vollends abgepeußt werden können.

§. 575.

Um die enthaarten Schweinshäute nach dem Abledern des Thieres ferner zur Lohgarmachung vorzubereiten, ist weder das Einkalken noch das Schwellen durch vegetabilisches Sauerwasser erforderlich: eine Einweichung in mineralisches nach der (§. 466.) angegebenen Art bereitetes Sauerwasser, von zwey bis drey Tagen, ist indessen nicht zu verwerfen, weil die Häute dadurch, ohne sonderlich in die Dicke aufzuschwellen, einen größern Grad von Festigkeit und Elasticität annehmen, welche ihrer nachherigen Schönheit sehr günstig ist.

Behandlung in der Lohe.

§. 576.

Wenn die Schweinshäute nach dem Abhaaren recht gut

entfleischt worden sind, dann kommen solche erst in eine Treibfarbe, worin sie 3 bis 4 Tage, oder überhaupt so lange gut herum gearbeitet werden, bis solche gut genarbt sind, und die äußere und innere Fläche derselben, wie man durch das Einschneiden beurtheilen kann, einen Anfang der Gerbung erlitten haben.

§. 577.

Ist diese Vorbereitung geschehen, so kommen sie aus der Treibfarbe in die Lohegrube, worin solche mit Lohe versetzt oder geschichtet, und so naß gehalten werden müssen, daß sie sich gleichsam in einem Zustande des Schwimmens befinden, welches am besten durch untergeschichtete etwas dicke Lagen von Lohe veranlasset werden kann.

§. 578.

Die Zeit, wie lange dergleichen Felle in der Grube beharren, die Anzahl der neuen Versetzung mit Lohe, welche sie bekommen müssen, um gehörig lohgar zu werden, richtet sich nach der Dicke und der Größe derselben und ist unbestimmt: gewöhnlich kommen selbige aber hierin mit den Kuh- und Roßhäuten ziemlich überein. Die weitere Behandlung dieser Häute, nach der erhaltnen Lohgarmachung, ist alsdenn der gewöhnlichen gleich.

Vierte Abtheilung.

Von der Lohgarmachung der Kalbfelle, welche zu Schuhen, Stiefelschäften und anderm Oberleder bestimmt sind.

§. 579.

Die Vorbereitung der Kalbfelle zur Lohgarmachung, so wie die Lohgarmachung derselben selbst, hat mit der der Kuh und Roßhäute viel Aehnlichkeit. Sind die Kalbfelle frisch, so können solche nach gehöriger Wässerung gleich angewendet werden; sind sie aber mit den Haaren getrocknet, dann müssen sie vorher durch Einlegen im Wasser, und Treten mit den Füßen, recht gut erweicht werden.

§. 580.

Die so vorbereiteten Felle kommen nun in den Kalkäscher, wobey aber, weil selbige viel dünner als die Kuh- und Roßhäute sind, nie ein ganz frischer Aescher adhibirt werden darf; es müßte denn unter der genauesten Vorsicht geschehen, um keine Zerstörung dadurch in der Hautmasse zu veranlassen. Dagegen giebt man ihnen gewöhnlich zwey tode Aescher, und dann einen dritten, der gleichfalls nicht ganz frisch, sondern schon einmal gebraucht ist.

§. 581.

Die aus dem Kalk gekommenen enthaarten, so wie von allen überflüssigen Fleisch- und anhangenden Kalktheilen befreyeten Kalbfelle, werden nun, gleich den Roß- und Kuhhäuten, in dem Lohebottich in der Versetzung mit Lohe und Wasser ein Paar Tage lang gut herumgearbeitet: wobey sie zuweilen herausgenommen, aufgehangen, und mit frischer Lohe versetzt werden können. Sie erhalten durch diese Bearbeitung Farbe und Narben, welches beides eine Folge der anfangenden Gerbung ist.

§. 582.

Nach dieser Vorbereitung kommen die Felle in einen neuen Lohbottich, sie werden darin ausgebreitet, mit gemahlener Lohe geschichtet, und mit Wasser übergossen, in welchem Zustande solche nun einen Monath lang ruhig liegen bleiben, um hierauf in die eigentliche Lohgrube gebracht zu werden.

Behandlung in der Lohgrube.

§. 583.

Die so zugerichteten Felle kommen nun in die Lohgrube, worin solche mit Lohe versetzt, mit Wasser übergossen, und nachdem die erste Versetzung ohngefähr drey Monath gedauert hat, einer zweiten abermals drey Monath dauernden Versetzung unterworfen werden. Die Felle sind nun lohgar: sie werden nur halb getrocknet, von den anhängenden Lohtheilen wohl gereinigt, und dem Zurichter zur fernern Bearbeitung übergeben.

Fünfte Abtheilung.

Von der Lohgarmachung der Ziegen- Gemsen- und Schaaffelle.

§. 584.

Auch die Ziegen- Gemsen- und Schaaffelle können mit Eichenrinde lohgar gemacht werden. Dergleichen lohgare Felle werden vorzüglich zu Handschuhen, so wie auch zum Dämpfen der mit Metallseiten versehenen Instrumente, nämlich den Forteplano's, von den musikalischen Instrumentmachern angewendet, und jetzt sehr häufig gebraucht.

§. 585.

Die Vorbereitung dieser dünnen Felle im Kalkäscher, geschiehet ganz nach derselben Art, wie solches bey den Kalbfellen bemerkt worden ist: nur mit dem Unterschiede, daß sehr schwache Aescher dazu angewendet werden, und daß sie nur eine Paar Wochen in denselben beharren dürfen.

§. 586.

Die weitere Behandlung der aus dem Aescher gekommenen gut enthaarten, so wie von allen überflüssigen Fleisch- und anklebenden Kalktheilen gereinigten Felle, geschieht hierauf eben wie bei den Kalbfellen sie werden erst im Lohebottich vorbereitet, und dann in stärkerer Lohe vollends ausgegerbt. Sollen dergleichen lohgar gegerbte Schaaf- Ziegen- und Gemsenfelle zur Dämpfung musikalischer Instrumente angewendet werden, so müssen solche viel Zug und Elasticität besitzen: alles Fett womit solche sonst zu einem andern Behuf durchdrungen werden möchten, muß hiebey vermieden werden; wogegen ihnen die erforderliche Elasticität, durch ein oft wiederholtes Walken sehr gut ertheilt werden kann.

Sechste Abtheilung.

Von der Seguinschen Schnellgerberey, für alle Arten von Thierhäuten.

§. 587.

Wenn man bedenkt, daß zu einer starken Ochsenhaut, ohne die Zeit des Abhaarens, des Einweichens, des

Entfleischens und des Schwellens zu rechnen, allein für die Behandlung in der Lohgrube ein Zeitraum von 12 bis 15 Monath erfordert wird; daß Roß- und Kuhhäute nicht unter sechs, und Kalbfelle nicht unter drey Monath lohgar gemacht werden können; so muß ganz natürlich die Frage entstehen: 1) ist dieser bedeutende Zeitraum absolut nothwendig? 2) kann solcher nicht, ohne Nachtheil für die Güte der gegerbten Leder, verhältnißmäßig abgekürzt werden? 3) Welches ist der einfachste und sicherste Weg, jene Methoden zu erzielen?

§. 588.

Der allgemeine Glaube fast jedes deutschen Lohgerbers geht (wie bereits erwähnt worden) dahin: daß eine Ochsenhaut, oder eine andere Thierhaut, um so vorzüglicher ausfalle, je länger solche in der Lohgrube beharret hat. Wäre dieser Glaube gegründet, dann würde freilich zu einer möglichen Abkürzung des bisher zur Lohgarmachung erforderlichen Zeitraums, alle Hoffnung gänzlich verschwinden; daß jener Glaube aber ungegründet, daß er auf eine ganz falsche und unrichtige Voraussetzung gestützt ist, solches werde ich aus der Erfahrung beweisen, welcher doch in jedem Falle die Hypothese weichen muß.

§. 589.

Wenn nach der gewöhnlichen Methode die zu gerbenden Häute in den Gruben mit Lohe bloß beschüttet, und mit wenigem Wasser übergossen werden, so ist es natürlich, daß einerseits die Quantität der gegenwärtigen Wäßrigkeit nicht hinreichend ist, allen Gerbestoff aus der angewendeten Lohe mit einenmal zu extrahiren; und es folgt also daraus, daß wenn der durch das Wasser extrahirte Gerbestoff nach und nach aus der entstandenen Lohbrühe von den Häuten eingesaugt worden ist, die ihres Gerbestoffs beraubte Brühe, nun erst wieder neuen Gerbestoff aus der Lohe ausziehen muß, bevor solche wieder wirksam werden kann; welches aber nicht anders als äußerst langsam von statten gehen kann, weil die Schichtung der Häute mit der Lohe in den Gruben die Berührungspunkte der Lohe mit der ohnedem geringen Quantität der Wäßrigkeit vermindert, und die sich immer mehr mit Gallussäure beladende Brühe, nun in ihrer extrahirenden Wirkung zu dem Gerbestoff in gleichem Grade vermindert werden muß: daher denn auch, um allen Gerbestoff aus der Lohe an die Häute zu bringen, und keine Lohe ungenutzt zu verlieren, zu einer einzigen Versetzung ein Zeitraum von mehrern Monathen erfordert wird.

§. 590.

Man siehet also hieraus sehr deutlich, daß jener Glaube: („die Häute könnten nie zu lange in den Gruben beharren,") bloß auf den Fehler gegründet ist, daß das Extrahiren des wirksamen gerbenden Stoffes bey der gewöhnlichen Verfahrungsart, so äußerst langsam von statten geht, folglich auch das Einsaugen desselben von den Häuten, gleich langsam erfolgen muß. Ist man dagegen in den Stand gesetzt, den zu gerbenden Thierhäuten den Gerbestoff in einem reinern und concentrirtern Zustande darzubieten, dann wird auch die Einsaugung desselben, und die davon abhängende gerbende Wirkung auf die Thierhäute, in gleichem Grade beschleuniget und begünstigt: folglich der sonst dazu erforderliche Zeitraum außerordentlich abgekürzt, ohne daß die schneller erfolgte Gerbung einen nachtheiligen Einfluß auf die gute Beschaffenheit der Haut haben kann; welches derjenige, der dem Ganzen reiflich nachdenkt, völlig begreifen und zugestehen wird.

§. 591.

Jenes waren ohngefähr die Prinzipien von welchen Seguin ausging, als derselbe seine Erfahrungen über die sogenannte Schnellgerberey bekannt machte. Aber Seguin kann keinesweges als erster Erfinder der neuen Methode angesehen werden, es gebührt ihm nur die Ehre der Erste zu seyn, der sie praktisch angewandt hat. Früher als von ihm ist solche von dem Engländer Macbride *) empfohlen, und zur Sprache gebracht worden. Nun schlug Macbride vor die Extraktion der Eichenlohe mit Kalkwasser zu veranstalten, welches freylich zweckwidrig ist, da der Gerbestoff die Kalkerde aus dem Kalkwasser niederschlägt, und also hierdurch ein großer Theil des wirkenden Stoffes geraubt wird; dies bewiesen zu haben, ist ein Verdienst, das Seguin mit Recht zuerkannt werden muß.

§. 592.

Die Operationes deren Seguin selbst bey seiner Ger-

---

*) Hermbstädts Journal für Lederfabrikanten rc. 1r Band. S. 132 rc.

bungsart befolgt, bestehen: 1) im Waschen und Entfleischen der Häute; 2) im Enthaaren derselben; 3) im Aufschwellen; 4) im Gerben derselben. Die Vortheile welche diese neue Gerbungsart gegen die ältere gewährt, bestehen in folgenden: a) in Ersparung an Zeit, die gegen die sonst erforderte auf $\frac{11}{12}$ geschätzt werden kann; b) in einer größern Vereinfachung aller Operationen; c) in Ersparung an Lohe; d) in Ersparung an Kosten aller Art: und bei alledem sind die nach dieser Methode gegerbten Häute aller Art, von der besten Güte und Beschaffenheit.

Das Waschen und Entfleischen.

§. 593.

Um das Waschen und Entfleischen der Häute zu veranstalten, befolgt Seguin die gewöhnliche Verfahrungsart, nur mit dem Unterschied, daß er die Häute nicht über und untereinander legt, wie es sonst wohl zu geschehen pflegt, sondern sie ausgebreitet dem Wasser darbietet, damit solche in allen Punkten von selbigem berührt und durchdrungen werden können.

Das Enthaaren und Entfleischen.

§. 594.

Um diese Häute, nachdem solche gewaschen sind, zu enthaaren, bedient sich Seguin keinesweges wie sonst des Kalkäschers, sondern des bloßen klaren Kalkwassers (§. 124.) einer vollkommnen mit Wasser gemachten Auflösung des gebrannten Kalks, oder vielmehr der Kalkmilch. Er füllet mit dem Kalkwasser große Gefäße oder Gruben, in diesen werden die Häute perpendiculär aufgehängt. Außerhalb den Gefäßen oder Gruben sind hölzerne Riegel angebracht, die dazu bestimmt sind, um mittelst Schnüren, die in einiger Entfernung nach der Länge der Häute angebracht sind, solche festzuhalten. Er schneidet zuvor eine jede Haut in zwey Hälften.

§. 595.

Um diese Operation zu veranstalten, wird der gebrannte Kalk in den Gruben oder Gefäßen, worin die Operation vorgenommen werden soll, erst mit Wasser gelöscht, und dann der gelöschte Kalk mit so viel Wasser verdünnt, daß die Gruben nur noch so weit leer bleiben, um das Volum der aufzunehmenden Häute fassen zu können. Damit das Wasser so viel von den gelöschten Kalktheilen auflösen kann, als zu seiner Sättigung, nämlich zur Bildung eines starken Kalkwassers erforderlich ist, wird die Masse erst eine Zeitlang umgerührt, worauf solche in Ruhe bleibt, damit alle aufgelösete erdige Theile sich zu Boden setzen können.

§. 596.

Hat das gebildete Kalkwasser sich vollkommen geklärt, denn werden die Häute nach der vorher beschriebenen Art hineingehängt, und zwar so, daß solche in einem Zustande des Schwimmens erhalten werden. Sobald man aber bemerkt, daß die Wirksamkeit des Kalkwassers abnimmt, welches aus der Verminderung seiner Schärfe gefolgert werden kann, denn wird der zu Boden gefallene Kalk gut aufgerührt, damit das Wasser sich wieder damit sättigen kann;

eine Operation die oft wiederholt werden muß. Haben die Häute auf solche Art 8 Tage in dem Kalkwasser, oder vielmehr der Kalkmilch zugebracht, dann sind sie zum Abhaaren hinreichend vorbereitet.

§. 597.

Das Enthaaren wird nun nach gewöhnlicher Art mit dem Schaabeisen veranstaltet. Aber Seguin ist der Meinung, daß diese Art der Haarabsonderung nicht die vortheilhafteste sey; weil 1) die Häute, außer der Epidermis, mit einer feinen Haut bedeckt seyen, welche dadurch zerstört werde; 2) weil, wenn ganz frische Häute geschabt würden, die Epidermis sich nicht emporhebe. Ein Satz der offenbar einen Widerspruch zu enthalten scheint.

Anmerkung. Uebrigens ist Seguin der Meinung, daß das Abhaaren der Häute in viel kürzerer Zeit, nämlich in zwey Tagen, veranstaltet werden könne, und zwar dadurch, daß man solche entweder in eine schwache Lohbrühe legte, die mit einem Hunderttheil Schwefelsäure vermengt sey; oder daß man selbige in Badestuben aufhänge, die bis zu 30° Wärme erhitzt seyen; doch verdient beydes erst noch näher geprüft zu werden.

Das Schwellen.

§. 598.

Um das Schwellen der enthaarten Häute zu veranlassen, bedient sich Seguin keinesweges, wie es sonst üblich ist, eines vegetabilischen Sauerwassers von Getraideschroot, sondern der mit Wasser verdünnten Schwefelsäure. Er verrichtet solches in großen hölzernen Gefäßen, in einer Flüssigkeit, die aus Wasser besteht, welchem 5 bis 10 Procert starke Schwefelsäure (Vitriolöl) beygemengt ist. Das Schwellen erfolgt auf diese Art in einem Zeitraum von 48 Stunden, die so geschwellten Häute zeigen, dem darüber abgestatteten commissarischen Bericht zufolge, eine gelbe Farbe, die selbst ihr Inneres durchdringt, und die ganze Haut wird zum Theil transparent. Aber auch diese Art der Schwellung kann nicht als eine Idee des Herrn Seguin angesehen werden, da Macbride solche (a. §. 590. a. O.), schon früher vorgeschlagen hat, und solche auch in England schon früher ausgeübt worden ist.

§. 599.

Das Gerben nach Seguinscher Art, unterscheidet sich von der gewöhnlichen Methode wesentlich dadurch, daß derselbe die extraktiven gerbenden Theile erst aus der Lohe mit Wasser ausziehet, um die Holzfasern abzusondern, und in der erhaltenen Lohbrühe wird nun das Gerben der vorbereiteten Häute veranstaltet.

Zubereitung der Lohbrühe.

§. 600.

Um die Lohbrühe zu verfertigen, bedient Seguin sich folgender Verfahrungsart: Er läßt hölzerne Tonnen oder Fässer in einer Reihe nacheinander auf ein Lager bringen, welches so hoch vom Boden der Werkstatt entfernt ist, daß andre Tonnen bequem untergesetzt werden können. Die obern

Tonnen werden nun mit frischer gemahlner Lohe gefüllet, und mit Wasser übergossen. Hat dieses sich in die Lohe eingezogen, und ist diese gut mit Wasser durchdrungen, so wird die extrahirte Flüssigkeit, mittelst eines am untern Theil des Fasses angebrachten Hahn abgezogen, und in ein untergesetztes Faß übergeleitet.

§. 601.

Ist jene Extraktion der Lohe beendigt, dann wird die erhaltene Brühe zum zweytenmal auf die im Extraktionsfaß befindliche rückständige Lohe geworfen, und nach einiger Zeit, wie vorher bemerkt worden, davon wieder abgezogen; worauf die Brühe, die, wenn nicht zu viel Wasser angewendet worden, nun stark genug ist, in besondern Behältern aufbewahrt werden können. Um die Stärke, oder den Gehalt an Gerbestoff in dieser Brühe zu bestimmen, bedient sich Seguin des Beaumeschen Laugenprobers; und er hält sie für stark genug, wenn dieses Aräometer auf 10 bis 12 Grad darin einsinkt.

§. 602.

Ist diese erste Auslaugung vollendet, denn wird die in den Extraktionsfässern befindliche rückständige Lohe aufs neue mit Wasser übergossen, und solches nach einiger Zeit als schwächere Lohbrühe abgezogen; eine Operation, die so oft wiederholt wird, bis das Abfließende keinen Gerbestoff mehr enthält; welches am besten daraus beurtheilt wird, daß wenn man ein Paar Tropfen einer mit Wasser gemachten Auflösung von Tischlerleim hinzugießt, kein flockiger Niederschlag mehr gebildet wird.

§. 603.

Die in den Fässern rückständige, von allen extraktiven Theilen befreyete Lohfaser, wird nun herausgenmmen, um die Fäßer mit frischer Lohe zu füllen, zu deren Auslaugung man sich nun, statt des Wassers, der vorhergedachten schwächern Lohbrühe bedient, und so wird das Auslaugen der Lohe, ununterbrochen fortgesetzt. Jene Lohbrühe ist eine gemeinschaftliche Verbindung von Gerbestoff, von Gallussäure, und von einigen andern extraktiven Theilen der Eichenrinde, die zusammen im Wasser aufgelöst sind; sie ist nun dazu bestimmt, die geschwellten Häute darin zu gerben.

Das Gerben der Häute.

I. Gerben der Ochsenhäute.

§. 604.

Um das Gerben der Häute in der Lohbrühe zu veranstalten, werden große Kufen mit dieser Brühe gefüllt. In diese werden nun die Häute, so wie selbige aus der verdünnten Schwefelsäure kommen, in perpendikulairer Richtung aufgehängt, so daß jede Haut ohngefähr einen Zoll breit von der andern entfernt bleibt, weil eine unmittelbare Berührung derselben, die gleichförmige Einsaugung des Gerbestoffes verhindern, und Flecke in der Haut veranlassen würde.

§. 605.

Um dieses Einsenken bequemer veranstalten zu können, schneidet Seguin die Seitentheile, so wie das Kopfstück, unten an jeder Haut ab. Eben so läßt derselbe die Theile, welche den Beinfellen und dem Bauche am nächsten liegen mit hinwegschneiden, weil, wie er sagt, diese Theile schwammig sind, leichter gahr werden, und ein schlechtes Leder liefern; daher er alle jene Theile besonders in Lohbrühe einlegen und gerben läßt. Eine jede so zugeschnittene Haut wird endlich überdies noch in zwey Hälften zertheilt, bevor solche in die Kufe eingehängt wird.

§. 606.

Um diese Gerbung zu veranstalten, bringt Seguin die Häute, so wie solche aus dem Schwellbade kommen, erst in eine schwache Lohbrühe, um bloß der Narbenseite die Farbe zu geben, worin solche bloß 2 bis 3 Stunden liegen bleiben. Hierauf kommen selbige dann in eine stärkere Brühe, um ihnen die wirkliche Gerbung zu ertheilen. Die Schnelligkeit mit welcher diese Gerbung nun vor sich geht, hängt von der Reichhaltigkeit der Brühe an Gerbestoff, so wie von ihrer höhern oder niedern Temperatur ab: doch darf die Temperatur die Blutwärme, nemlich 35 bis 36 Grad Reaumur, oder 96 Grad Fahrenheit nie übersteigen, weil solche sonst den Häuten nachtheilig werden, und solche zusammenschrumpfen würde.

§. 607.

Nun bleiben die Häute so lange in der Lohbrühe hängen, bis solche gahr sind, welche Gahrwerdung, zufolge der verschiedenen Temperatur, so wie der Dicke der Häute, in einem Zeitraum von 6, 8, 12, 15, 20, bis 25 Tagen statt findet. Ist indessen die Menge des Gerbestoffes, welche in der mit einemmal angewendeten Lohbrühe enthalten ist, nicht hinreichend, um die Häute vollkommen gahr zu machen, so muß die ihres Gerbestoffes beraubte Brühe von Zeit zu Zeit abgezogen, und durch frische ersetzt werden.

II. Gerben der Roß- und Kuhhäute.

§. 608.

Das Gerben der dünnern Roß- und Kuhhäute, verrichtet Seguin ganz nach der vorher beschriebenen Art, nur mit dem Unterschied, daß selbige nicht erst in die Schwellbrühe kommen, sondern gleich, so wie sie aus der Kalkmilch gekommen, enthaaret und gereinigt sind, erst in schwache, dann aber in stärkere Lohe gebracht werden. Nur findet hier noch der Unterschied in der Gerbezeit statt, daß diese Häute höchstens in 14 Tagen ihre volle Gahre erhalten; nachdem solche zum Waschen und Abhaaren, nicht über 7 Tage Zeit erfordert haben.

III. Gerben der Kalb- und Schaaffelle.

§. 609.

Die Kalbs- und Schaafelle werden nicht in der Kalkmilch, sondern im klaren Kalkwasser zum Enthaaren vorbereitet, eine Operation, die (nach Seguins Angabe) mit Inbegriff des Waschens schon in 9 bis höchstens 11 Tagen vollendet ist, weil das bloße Kalkwasser langsamer wirkt. Auch diese Felle werden nicht geschwellt. Das Vorbereiten derselben in schwacher Lohbrühe, so wie das darauf folgende wirkliche Gahrmachen, wird ganz nach der vorher bemerkten Art verrichtet. Die Dauer der Gerbezeit bey diesen Fellen, vom ersten Einhängen, bis zur vollkommenen Gahre, dauert (nach Seguins Angabe), nach ihrem verschiedenen Gewicht und Dicke, 1, 2, 3 höchstens 4 Tage.

§. 610.

So ist die Verfahrungsart, deren sich Seguin bedient, um die Gerbung der Thierhäute aller Art zu veranlassen; die Resultate derselben, wie die ersten Arbeiten die in seiner zu Moustiaux befindlichen Werkstatt, unter commissarischer Aufsicht veranstaltet worden sind, finden sich in meinem Journal für Lederfabrikanten rc. 1r B. S. 229 bis 238 beschrieben, und bedürfen hier keiner Wiederholung. Daß jene Gerbungsart in Frankreich, und bald darauf in England, im Großen fast durchaus eingeführt worden, ist allgemein bekannt.

Siebente Abtheilung.

Bemerkungen über Seguins Gerbungsart die der Verfasser aus seinen eignen darüber angestellten Erfahrungen abstrahirt hat.

§. 611.

Kaum waren die ersten Notizen über Herrn Seguins angegebne Schnellgerberey in Deutschland bekannt worden, so war ich auch, und zwar ex officio bemühet, seine Erfahrungen durch eigene Arbeiten mit Ochsen- Kuh- Roß- und Kalbshäuten zu prüfen, um mich von ihrer Richtigkeit zu überzeugen, oder dasjenige nach Möglichkeit daran zu verbessern, was diese Methode etwa fehlerhaftes noch enthalten möchte. Dieses, und meine späterhin durch den Königl. Hof-Sattler und Lederfabrikanten Herrn Gleisberger in Potsdam im Großen ausgeführten Erfahrungen, haben mich in den Stand gesetzt manches daran zu ändern, wenn das Ganze vervollkommt werden soll; worüber ich mich hier nun weiter auslassen werde.

1. Ueber Seguins Methode des Enthaarens.

§. 612.

Es ist leicht einzusehen, daß die gewöhnliche mehrere Monate dauernde Behandlung der Häute in den Kalkäschern, keineswegs absolut erforderlich ist, und daß diese Operation durch die Behandlung in Kalkmilch, wenn solche nach Seguins Angabe oft umgerührt wird, um das Wasser immer wieder mit neuen Kalktheilen anzufrischen, vollkommen ihren Zweck erzielen kann. Aber nie ist es mir möglich gewesen, auch nur ein Kalbfell in 7 Tagen auf diesem Wege so weit zu bringen, daß solches, ohne dessen Narbenseite zu vernichten, bequem enthaart werden konnte; immer waren wenigstens 3 bis 4 Wochen dazu erforderlich. Weit schneller konnte ich aber diese Enthaarung, selbst bey dicken Ochsenhäuten verrichten, wenn solche nach dem Einweichen glatt ausgespannt, stellenweise mit siedendem Wasser übergossen, und gleich hinterdrein die Haare mit dem Schabeisen abgenommen wurden.

2. Ueber Seguins Methode die Häute zu schwellen.

§. 613.

Die Methode die Häute mit einem mineralischen Sauerwasser zu schwellen, deren sich Seguin bedient, und die gegenwärtig auch in England allgemein im Gebrauch seyn soll, hat meinen eignen darüber angestellten Erfahrungen zufolge einen sehr relativen Werth. Ich habe dieselbe mehrmals und mit einem Schwellwasser versucht das 5, 10, 15, und 20 Procent Schwefelsäure enthielt; aber ich habe stets gefunden, daß die Häute zwar geschwellt, aber keinesweges in dem Wasser aufgelockert und ausgedehnt werden, wie solches erforderlich ist, wenn die oft über einen halben Zoll dicken Sohlen zu Schuhen und Stiefeln für den Soldaten, für den arbeitenden Bürger, und für den Landmann daraus dargestellt werden sollen, ohne mehrere Lederplatten aufeinander zu heften.

§. 614.

Jenen Erfolg zu erwarten, würde auch in der That der Natur des Gegenstandes zuwiderlaufen, da Schwefelsäure und Essigsäure, welche letztere im vegetabilischen Sauerwasser den wirksamen Bestandtheil ausmacht, in ihren Wirkungen gegen die thierische Haut, wie ich (§. §. 462 bis 472) näher erörtert habe, gar sehr verschieden sind, also auch die Erfolge beyder nicht einerley seyn können; und meinerseits, so weit nemlich meine eignen Erfahrungen über diesen Gegenstand reichen, muß ich daher stets der gewöhnlichen Schwellungsart, mit vegetabilischem Sauerwasser, den Vorzug geben.

3. Ueber Seguins Methode die Lohe zu extrahiren.

§. 615.

Die Methode, deren Seguin sich bedient, die Eichenlohe in hölzernen Fässern zu extrahiren, gelingt zwar, wie ich mich durch eigne Erfahrung überzeugt habe, sehr gut; aber sie hat keine praktische Brauchbarkeit im Großen. Die Fässer werden, wenn solche bey warmer Wittrung ein paar Tage leer stehen, leicht spak, und müssen dann immer erst bis zum Verquellen eingeweicht werden; sie fallen leicht zusammen, und erfordern öftere Reperaturen; sie nehmen nebst den Untersetzfässern viel Raum in der Werkstatt weg, und endlich, selbst wenn die Arbeit durch ein Schöpfrad betrieben werden kann, ist das Einbringen des Wassers in dieselben zum Auslaugen der Lohe, und so auch das Ein- und Austragen der Eichenlohe selbst eine sehr beschwerliche Arbeit. Seguin sagt zwar selbst, daß man sich zu diesen Arbeiten im Großen, großer Kufen bedienen müsse, aber er hat sich weiter nicht darüber eingelassen. Besser ist der Vorschlag, welchen O'Reilly dazu gegeben hat, und welcher (§. 525.) näher erörtert worden ist.

4. Ueber Seguins Methode, die Häute in die Lohbrühe einzulegen.

§. 616.

Wenn Seguin verlangt, daß die zu gerbenden Häute in perpendikulärer Richtung in die mit der Lohbrühe gefüllter Gerbegrube eingehängt werden sollen, so kann derselbe nichts anders dabey beabsichtigen, als daß sie sich nicht unter einander berühren, und keine Flecken veranlassen sollen. Wenn man aber erwägt, daß die großen Ochsenhäute, vorzüglich von den Buones Ayres oder Büffeln, in der That nicht ohne große Unbequemlichkeit eingehängt werden können, daß man solche, wenn sie sich nicht werfen, und auch nicht in der Brühe schwimmen sollen, mit bleyernen Gewichten an ihren untern Theilen beschweren muß, während solche oben genau ausgespannt seyn müssen; daß ferner für diejenigen Häute, welche zu Sohlleder bestimmt sind, es gar nicht darauf ankommt, wenn solche auch kleine Flecken bekommen: so fragt sich, ob es kein ander Mittel giebt, um ohne die nach Seguin zu befürchtenden Nachtheile erwarten zu dürfen, auf einem kürzern und bequemern Wege zum Zwecke zu gelangen?

§. 617.

Jene Frage glaube ich dreist mit Ja beantworten zu können; nur glaube ich auch einen Unterschied machen zu wissen, zwischen denjenigen Häuten, welche zu Sohlleder und zu Oberleder bestimmt sind, das schwarz gefärbt werden soll, und zwischen demjenigen, welches ungefärbt in seiner natürlichen gelben oder röthlichen Gerbefarbe, zu Stiefelklappen, zu Reit-Satteln, zu Sielenzeug rc. rc. verarbeitet werden soll: Erstere können mit wechselsweise untergeschichteter Lohe, dreiste in die Gruben übereinander eingelegt werden; die übrigen müssen perpendikulair eingehängt werden, und zwar nach einer Methode, die ich weiterhin näher erörtern und beschreiben werde.

§. 618.

Bey alledem bleibt es übrigens ausgemacht, daß diese Art in flüssiger Lohbrühe zu gerben, für jede Art Leder, jeder andern sonst üblichen mit Recht vorgezogen zu werden verdient, weil solche Vortheile gewährt, die derselben den Vorzug vor jeder andern einräumen; und weil es durch die sachverständigsten Männern erwiesen ist, daß die nach dieser Art gegerbten Häute aller Art, von der besten Beschaffenheit sind.

Fünfter Abschnitt.

Beschreibung der besten Art, wie nach des Verfassers Erfahrungen eine Werkstatt zur Schnellgerberey eingerichtet, und für alle Arten von Thierhäuten betrieben werden muß.

Allgemeine Bemerkung.

§. 619.

Die wesentlichsten Gesichtspunkte, von welchen bey der Construction und regelmäßigen Betreibung einer Schnellgerberey ausgegangen werden muß, bestehen: 1. in der möglichsten Ersparung an Zeit, welche zu den vorbereitenden Operationen so wohl, als zur wirklichen Gahrmachung der Häute, erfordert wird, 2. in der möglichsten Ersparung an Eichenlohe, oder jedem andern gerbenden Material, welches sonst dazu erfordert wird.

§. 620.

Um jene Zwecke vollkommen zu erzielen wird erfordert:

1) eine regelmäßige nach rationellen Grundsätzen veranstaltete Behandlung der rohen oder grünen Häute, um solche zu enthaaren, 2) eine der Natur der Häute angemessene Schwellung derselben, wenigstens derjenigen, bey denen diese Operation erfordert wird; 3) eine zweckmäßige Veranstaltung zur Extraktion der Lohe, und Zubereitung der Lohbrühe; 4) eine zweckmäßige und bequemere Vorrichtung, zum Einsenken der zu gerbenden Häute in die Lohbrühe; 5) eine angemessene Construktion aller hiezu erforderlichen Gruben; und 6) endlich, eine rationelle Beobachtung aller Erfolge, welche während der Gerbung der Häute eintreten, und deren regelmäßige Leitung.

Erste Abtheilung.

Innere Einrichtung der Werkstatt, Anzahl und Einrichtung der erforderlichen Gruben.

§. 621.

Ich will eine Werkstatt zur Basis nehmen, in welcher Sommer und Winter hindurch, also Jahr aus Jahr ein, ununterbrochen fort gearbeitet, uud darin jährlich: a) 432 Stück starke Ochsenhäute; b) 288 Stück Kuh- Roß- und wilde Schweinshäute; und c) über 1000 Stück Kalb- Schaaf- und Hammelfelle, oder Felle von andern kleinen Thieren, gahr gemacht werden sollen, so würde der innere untere Raum der Gerbe-Werkstatt, dazu folgende Gruben oder Behälter in sich begreifen müssen.

I. Gruben welche zum Einkalken bestimmt sind.

§. 622.

Die sonst übliche Behandlung der Häute im Kalkäscher, ist vorzüglich dazu bestimmt, um solche dadurch zum Enthaaren vorzubereiten. Um dieses zu veranstalten, werden nach meiner Einrichtung die starken Ochsenhäute, so wie auch die Kuh-Roß- und Schweinshäute, wie weiterhin näher erörtert werden soll, bloß mit siedendem Kalkwasser behandelt: für sie sind also keine Kalkgruben oder Aescher erforderlich. Zum Einkalken der Kalb-Schaaf- und Hammelfelle, und anderer Felle von kleinern Thieren, wird eine einzige Grube erfordert, die 4 Fuß 6 Zoll lang, 3 Fuß 8 Zoll breit, und 5 Fuß 6 Zoll tief ist.

II. Gruben welche zur Schwellbeitze bestimmt sind.

§. 623.

Um die Schwellung der starken Ochsenhäute zu verrichten, und solche dadurch nicht nur in ihrem Volum der Dicke nach zu erweitern, sondern auch selbige zur bessern Aufnahme des Gerbestoffes vorzubereiten, wird gleichfalls nur eine einzige Grube erfordert, die 10 Fuß lang, 6 Fuß breit, und 9 Fuß tief ist. Die Kuh-Roß-Schweins- und Kalbshäute, welche nicht zum dicken Sohlen- oder Pfund-Leder bestimmt sind, bedürfen gar keiner Schwellung.

III. Gruben welche zur Zubereitung und Aufbewahrung der Lohbrühe bestimmt sind.

§. 624.

Da die Lohbrühe, nemlich eine liquide mit kaltem Wasser gemachte Extraktion der Eichenlohe, oder anderer als Gerbematerial bestimmten Substanzen, bey der Schnellgerberey eine Hauptsache ist, so muß diese auch stets in erforderlicher Quantität vorräthig gehalten werden. Um solche zu verfertigen, werden 6 Gruben erfordert, welche zur Aufnahme der aus der mit Wasser übergossenen Lohe abfließenden Brühe bestimmt, und in der Erde placirt sind. Jede derselben ist 5 Fuß lang, 4 Fuß breit, und 6 Fuß tief. Ferner eine Grube die als Reservoir für diejenige Lohbrühe bestimmt ist, welche ausser der Gerbegrube aufbewahrt werden muß, sie ist 5 Fuß lang, 4 Fuß breit, und 8 Fuß tief.

IV. Gruben welche zur Treibfarbe, so wie zur Gahrmachung der Häute bestimmt sind.

§. 625.

Nach der von mir getroffenen Vorrichtung, wird die Behandlung der Häute in der Treibfarbe, so wie die wirkliche Lohgarmachung derselben, in einerley Behältern veranstaltet. Um die Anstalt nach der (§. 621.) gemachten Voraussetzung zu betreiben, werden an Gruben erfordert, welche sämmtlich in der Erde placirt sind:

a. Zwey Gruben zu starken Ochsenhäuten, jede 10 Fuß lang, 6 Fuß breit, und 9 Fuß tief.

b. Zwey Gruben zu Kuh-, Roß- und wilden Schweinshäuten, jede 10 Fuß lang, 6 Fuß breit, und 9 Fuß tief.

c. Eine Grube zu Kalb-, Schaaf-, Hammelfellen und Fellen von andern kleinern Thieren, 4 Fuß 6 Zoll lang, 3 Fuß 3 Zoll breit, und 5 Fuß 6 Zoll tief.

V. Flächenraum welcher zur Errichtung des Gerbehauses erforderlich ist.

§. 626.

Die oben genannten Gruben zusammen genommen, erfordern also zu ihrem Emplacement einen Flächenraum von 451 Quadratfuß. Rechnet man nun noch eben so viel Flächenraum zu den erforderlichen Zurichte-Tischen, zu Gängen um die Gruben herum ꝛc. ꝛc., so beträgt der ganze Raum der Bodenfläche, der zu einer solchen Werkstatt erfordert wird, zusammengenommen 902 Quadratfuß.

Zweyte Abtheilung.

Grundsätze, nach welchen die Gruben construirt, und im untern Raume des Gerbehauses placirt werden müssen.

§. 627.

Um ein Gerbehaus nach jener Voraussetzung zu etabliren, das ein längliches Viereck formirt, wird der Raum a. b. c. d. Tab. II. Fig. 1. dessen Länge 35 und dessen Breite 26 Fuß

Rheinl. Maaß beträgt, erfordert, der seinen Eingang in e hat. Dieser Raum bestimmt die Basis zur ersten Etage des Gerbehauses. Er ist mit massiven Mauern umgeben, die 10½ Fuß hoch sind, und erhält das Tageslicht durch an die Seiten angebrachte Fenster. Die zweyte Etage des Gerbehauses, welche von Fachwerke erbauet seyn kann, so wie auch der Bodenraum, ist zum Troknen der gegerbten Häute, zum Zurichten derselben durch Abstossen, Glätten, Krispeln, Tränken mit Oel ꝛc. ꝛc., so wie zum Aufbewahren derselben bestimmt, und bedarf hier keiner weitern Beschreibung, da alle diese gegen die sonst üblichen Operationen keine weitere Abänderung erleiden.

§. 628.

f. f. f. f. f. f. sind sechs Gruben nach den (§. 624.) angegebnen Durchmessern, zum Aufnehmen der aus den Aufsätzen q. q. q. q. q. q. oder Extraktionsgefäßen abfließenden Lohebrühe. Sie sind aus Steinen in der Erde ausgemauert, so daß jede nur einen Fuß hoch über dem Boden herausragt. Inwendig sind sie mit wasserdichten Bohlen ausgelegt, und die Zwischenräume zwischen diesen und dem Mauerwerk, mit wasserdichtem Thon ausgeküttet, damit nie etwas Flüssiges hindurch dringen kann.

§. 629.

Die Aufsätze oder Extraktionsbehälter q. q. q. q. q. q. bestehen in konisch geformten Fässern von starken Eichenholzstäben, die 4 Fuß 6 Zoll hoch, oben 3 Fuß 6 Zoll, und unten 3 Fuß weit sind. Sie sind auf starken Balkengerüsten, mit ihrem untern Theil 18 Zoll hoch über der Oberfläche der Lohbrühgruben entfernt. Ein jedes dieser Gefäße ist, 4 Zoll hoch über seinem wirklichen Boden, mit einem zweyten versehen, der durchlöchert ist, und auf einem darunter befindlichen Kreuzholz ruhet, so wie man solches in den gewöhnlichen Laugäschern findet. Einen Zoll hoch über dem untern Boden, sind diese Gefäße mit messingnen oder hölzernen Hähnen versehen, um mittelst derselben die Lohbrühe in die untern Receptionsgruben ableiten zu können. Sie müssen mit kupfernen Reifen umgeben, und diese mit schwarzer Oelfarbe überzogen seyn. Wer die Kosten daran wenden will, kann sie inwendig mit Rollbley ausschlagen lassen, um sie auch im Sommer vor dem Leckwerden zu sichern. Zwischen den Receptionsgruben für die Lohbrühe, findet sich g. das Reservoir für dieselbe, welches ausser dem größern kubischen Gehalt, in nichts von jenen verschieden ist.

§. 630.

h. h. sind zwey nach den (§. 625. a.) angegebnen Dimensionen erbauete Gerbegruben für die starken Ochsenhäute; und i. i. sind zwey dergleichen nach den ebendaselbst (b) angegebnen Dimensionen erbauete Gerbegruben für Kuh-Roß- und Schweins-Häute. Sie werden eben so wie die vorhergehenden angelegt, ausgemauert, und ausgezimmert, und ragen mit ihrem obern Theil gleichfalls einen Fuß hoch über der Erde empor.

§. 631.

Jene Gruben unterscheiden sich aber wesentlich von den Receptionsgruben durch folgende Einrichtung. Statt des hölzernen Bodens sind solche mit einem Boden von inwendig verzinntem Kupferblech versehen, der einen vier-eckigen Kasten mit 3 Zoll hohen Kanten bildet, mit diesen genau in den innern hölzernen Kasten der Grube ein-passet, und mittelst kupferner Nägel darin befestigt ist. Um die entstehenden Fugen wasserdicht zu machen, werden solche mit einem Kütt aus saurer Milch und Kalk ausge-strichen. Mit dem metallnen Boden ruhen diese Gruben auf beyden Seiten des Mauerwerks, auf jeder 1½ Fuß breit, in der Mitte aber bleibt ein Raum von 3 Fuß für den Metallboden frey, unter welchem ein Kanal fortläuft, der unter beyden Gruben weggeht, und nach den dazu ge-hörigen Schornsteinen p. p. zugeleitet ist. o. o. sind Stufen, welche zum untern Raum der Gruben h. h. und i. i. führen, in welchen die Feuerung zum Heitzen derselben angebracht ist. Er besteht aus einem kleinen Feuerheerd mit Rost und Aschenloch. Auf jenem brennt, wenn die Gruben geheizt werden sollen, das Brennmaterial, dessen Hitze durch den Feuer-Kanal unter den Gruben fortgeleitet wird, und die darin befindliche Flüssigkeit erwärmt.

§. 632.

Jede jener Gerbegruben h. h. und i. i. ist im Innern 3 Zoll hoch vom Metallboden der Länge nach mit 1 Zoll in der Breite hervorragenden Leisten versehen, welche dazu bestimmt sind einzelne durchlöcherte Bretter aufzunehmen, die einen zweyten mittlern Boden bilden, der die eingehängten Häute von der Berührung mit dem Metallboden abhält. An den beiden kür-zern oder Quer-Seitenwänden dieser Gruben, sind, im Innern, gegeneinander überstehend, in der Entfernung von 4 Zoll zu 4 Zoll

Zoll senkrecht stehende, hölzerne Leisten befestiget, welche Fugen zwischen sich lassen, die dazu bestimmt sind, hölzerne Rahmen aufzunehmen, in welchen die Häute ausgespannt sind, welche in den Gruben gegerbt werden sollen. Jede dieser Gruben fasset 18 Stück Häute.

§. 633.

Die Grube k ist zum Aufnehmen der Schwellbeitze für die starken Ochsenhäute bestimmt. Sie ist nach den (§. 622.) angegebnen Dimensionen äußerlich aus Mauerwerk, inwendig aber aus hölzernen wasserdicht zusammengefügten Bohlen erbauet, und gleich den Gerbegruben inwendig mit Leisten versehen, zwischen deren Fugen die mit den zu schwellenden Häuten bespannten Rähme eingesenkt werden können. Sie bedarf keiner Heitzung, sondern es ist hinreichend, wenn die Flüssigkeit im Winter erwärmt werden soll, eine Portion derselben aus der Grube herauszunehmen, solche in einem Kessel zu erhitzen, und das Erhitzte mit dem Uebrigen unter einander zu mengen, um selbigem die erforderliche Temperatur zu ertheilen.

§. 634.

Die Grube l. ist zur Behandlung der Kalb- Schaaf- und andern kleinen Thierhäute im Kalk bestimmt. Sie ist nach den (§. 621.) angegebnen Dimensionen aus Mauerwerk erbauet, und inwendig mit hölzernen Bohlen wasserdicht ausgezimmert. Da aber, meiner Vorrichtung zufolge, die Häute nicht wie gewöhnlich eingekalkt, sondern in Rähmen gespannt in die Kalkmilch gebracht werden, so besitzt diese Grube noch folgende innere Einrichtung. Sechs Zoll über ihrem Boden befinden sich 2 Querleisten der Quere nach befestiget; und senkrecht ihrer Quere nach, auf beiden Seiten gegeneinander überstehend, sind, in der Entfernung von 3 zu 3 Zoll, ganz nach der (§. 632.) angegebnen Art, hölzerne Leisten befestiget, welche Fugen zwischen sich lassen, die dazu bestimmt sind hölzerne Rähme aufzunehmen, an welchen sich die Felle ausgespannt befinden. Auch diese Grube bedarf keiner Heitzung, sie kann im Winter dadurch erwärmt werden, daß von Zeit zu Zeit eine Portion des klaren Kalkwassers herausgenommen, in einem Kessel erhitzt, und dann mit der übrigen Masse gemengt wird. Auch diese Grube ist in der Erde befindlich, und ragt nur einen Fuß hoch über derselben hervor. Jede solcher Gruben faßt also 24 Häute.

§. 635.

Die Grube m., welche zur Lohgarmachung der Kalb-Schaaf-Hammel und anderen dünneren Fellen von kleinen Thieren bestimmt ist, wird nach den (§. 625. c.) angegebnen Dimensionen erbauet; und erhält in ihrem Innern vollkommen dieselbe Einrichtung, wie solches bey der vorher beschriebnen Enthaarungsgrube weiter erörtert worden ist. Die Entfernung der Rahmenfugen, braucht aber bey dieser nur 2 Zoll zu betragen; sie kann also 22 Felle mit einemmal fassen.

§. 636.

Jede einzelne der vorher beschriebnen Gruben ist mit einem hölzernen Deckel, zum Verschließen ihrer Oefnung, versehen, der so eingerichtet ist, daß er leicht abgenommen, und aufgesetzt werden kann. Die Buchstaben n. n. n. n. n. n. n. n. n. n. n. bezeichnen die Wege um die Gruben herum, welche so breit seyn müssen, daß ein Arbeiter bequem um selbige herum gehen kann.

§. 637.

In der Mitte der Anstalt ist ein frey stehender Schornstein t. erbauet, der durch die Decke des Gerberaums, in die zweyte Etage fortgeht, und von da zum Dache des Hauses hinausgeführt ist. An demselben befinden sich: 1) ein großer Kachelofen r. zum Heitzen des Gerberaums im Winter, damit die Verrichtungen von den Arbeitern darin gehörig fortgesetzt, und nicht durch die Frostkälte unterbrochen werden können; 2) drey kupferne Kessel s. s. s., wovon ein jeder seinen eignen Feuerheerd hat. Der eine dieser Kessel ist dazu bestimmt, die Lohbrühe für die Kalbs- und andern kleinen Felle von Zeit zu Zeit zu erwärmen; der zweyte, um das Kalkwasser zum Abhaaren der Häute darin zu erhitzen; und der dritte, um die Schwellbeitze darin, wenn es erfordert wird, zu erwärmen; oder auch kochendes Wasser zum Anschwellen derselben darin vorzubereiten.

Beschreibung der einzelnen Theile.

§. 638.

Um von den einzelnen Theilen einer solchen Anstalt eine nähere Ansicht zu erhalten, sind dieselben besonders abgebildet worden:

Taf. III. Fig. 1. stellt ein Extraktionsgefäß zur

Bereitung der Lohbrühe im Durchschnitt vor. a. ist das Gefäß selbst; b. sein wahrer Boden; c. dessen mittler durchlöcherter Boden; d. der Hahn zum Ablassen der Lohbrühe; e. das hölzerne Gerüste auf welchem solches über der Receptionsgrube ruhet; f. die Receptionsgrube selbst.

Fig. 2. stellt eine zum Heitzen eingerichtete Gerbegrube im Aufriß dar. a. Die Grube selbst; b. der untere Metallboden; c. der mittlere durchlöcherte Boden; d. die senkrechten Fugen zum Aufnehmen der Rähme; e. der Feuer-Kanal unter dem Metallboden; f. der Feuerheerd, der durch den Rost g vom Aschenheerde h abgesondert ist; i. die Treppe welche zum Feuerheerd führt; k. der Feuerschlauch, welcher in den Schornstein l hineingehet.

Fig. 3. a. b. c. d. stellt einen Rahmen dar, welcher zum Einspannen der zu gerbenden Häute bestimmt ist. Er ist von Eichenholz verfertigt, und passet mit seinen Kanten ganz willig in die hölzernen Fugen der Gerbegruben. Seine Größe richtet sich nach dem Längendurchmesser einer jeden Grube, wofür derselbe bestimmt ist. Jeder solcher Rahmen ist in seinen Kanten durchlöchert, um die Enden der Häute mittelst starken Bindfadens darin zu befestigen, so wie solches bey den Pergamentmachern zu sehen ist. An den obern und untern Kanten, ist jeder solcher Rahm mit drey starken Ringen von stark verzinntem Kupfer bekleidet, um, indem ein Staab durch selbige hindurch gesteckt wird, durch 2 Arbeiter, bequem aus und eingehoben werden zu können.

Fig. 4. stellt eine in ihren Rahmen eingespannte Haut dar.

Fig. 5. stellt den Brunnen, nebst seiner über den Extraktionsgefäßen fortlaufenden Rinne dar.

Dritte Abtheilung.

Beschreibung der Handgriffe und Grundsätze mit und nach welchen die einzelnen Operationen in der Schnellgerberey rationell ausgeübt werden müssen.

1. Die Enthaarung.

§. 639.

Die rohe oder grüne Haut, so wie selbige von dem getödeten Thiere abgezogen, und frisch, oder auch schon getrocknet an die Gerberey abgeliefert wird, ist auf ihrer innern Seite noch mit vielen überflüßigen Fleischtheilen, auf ihrer äußern aber mit Haaren besetzt, und gemeiniglich noch mit Blut und andern Unreinigkeiten durchdrungen. Das erste was billig damit vorgenommen werden muß, bestehet im Einweichen der Häute in fließendem Wasser, und im Waschen derselben, um sie vom Blut und andern anklebenden Unreinigkeiten vollkommen zu befreyen. Das zweyte bestehet darin, solche auf dem Schabebock, mittelst dem Stoßeisen von den überflüßigen Fleischtheilen der innern Fläche zu reinigen, und diese möglichst zu ebnen. Das dritte endlich, auf der äusseren oder Narbenseite, die darauf sitzenden Haare rein abzusondern, oder die Haut zu enthaaren.

§. 640.

Die behaarte Fläche der Haut ist unter den Haaren mit der Epidermis oder Oberhaut bedeckt. Sie bildet eine trockne biegsame Substanz, die durch das Mikroskop betrachtet, den Fischschuppen ähnelt. Unter der Epidermis befindet sich ein gallertartiges Wesen, die Schleimhaut. Zwischen beiden befinden sich die Wurzeln der Haare, die, so wie die Epidermis, vor der weitern Behandlung mit gerbenden Substanzen hinweggeschaffet werden müssen; und hierinn bestehet die Operation des Enthaarens

§. 641.

Die Art und Weise wie die Operation des Enthaarens veranstaltet werden kann, ist mannichfaltig, wie früher angegeben worden ist. Ich habe gefunden, daß für Ochsen- Kuh- Roß- und Schweinshäute, folgendes Verfahren das vorzüglichste, schnelleste und geschickteste ist.

§. 642.

Vier Pfund guter frisch gebrannter Kalk, werden mit Wasser gelöscht, so daß daraus ein dicker Brey entsteht. Nun werden 400 Pfund (ohngefähr 17 gewöhnliche Eymer) gutes Flußwasser in einem kupfernen Kessel zum Sieden erhitzt, dann der Kalk darunter gerührt, und alles unter stetem Umrühren 30 Minuten lang im Sieden erhalten; wobey der Kalk, bis auf eine Kleinigkeit, aufgelöset werden, und in dieser Verbindung ein starkes Kalkwasser darstellen wird.

§. 643.

Nun wird die zu enthaarende weiche Haut mit ihrer Fleischseite auf einem hinreichend langen und breiten Brette straf ausgespannt, indem man deren Enden mit Nägeln befestiget. Hierauf gießt ein Arbeiter siedend heißes Kalkwasser, mittelst einem kleinen Topfe, stellenweise auf die Haarseite der Haut, während ein zweyter gleich darauf mit dem Schabeeisen nach fährt, und die Haare hinweg nimmt. Hierdurch werden die Häute sowohl von den Haaren, als auch von der dem Gerben nachtheiligen Epidermis befreyet; und das Enthaaren für eine Haut erfordert kaum eine Stunde Zeit: anstatt daß die sonst übliche Behandlung durchs Schwitzen bey den Ochsenhäuten, und die Behandlung der Kuh- und Roßhäute im Kalkäscher, ausser vielen Zeit verschwendenden Hülfsoperationen, viele Monathe Zeit hinweg nimmt.

§. 644.

Was die Enthaarung der Kalbfelle und der von andern kleinen Thieren betrift, so kann der Kalk, bloß im Zustande der Kalkmilch, immer dabey benutzt werden. Zu dem Behuf bedient man sich der Taf. II. beschriebenen Grube I. In diese gießt man so viel Flußwasser, daß solche ¾ davon angefüllet wird, um für die hineinzubringenden Häute hinreichend Raum übrig zu behalten. Nun werden 30 Pfund frisch gebrannten Kalks mit Wasser gelöscht, bis ein Brey daraus entsteht, und dieser mit dem Wasser in der Grube wohl unter einander gemischt, wovon die Flüssigkeit die Gestalt einer Milch annimmt; und die Grube ist nun zum Einsenken der Häute vorbereitet.

§. 645.

Um diese zu veranstalten, werden nun die vorher gut eingeweichten und gewaschnen Häute, in die dazu bestimmten Rahme ausgespannt, und mit diesen, nachdem vorher die Grube nochmals recht wohl umgerührt worden, zwischen den Fugen in den Grubenwänden, in die Grube eingesenkt. So bleiben selbige eine Stunde lang darin. Dann werden die Rahmen in die Höhe gezogen, der mittelste herausgenommen, die Grube vom Boden auf recht gut umgerührt, und dann die Rähme mit den Häuten wieder eingesenkt. Dieses Aufziehen und Umrühren, wird von Stunde zu Stunde wiederholt; und nach sechs Tagen sind die Häute zum Enthaaren vorbereitet, statt daß solche im gewöhnlichen Kalkäscher 8 Monath Zeit erfordert haben würden.

§. 646.

Wem es gefällig ist, kann auch folgende Verfahrungsart in Anwendung setzen. Man füllet die Grube statt mit Wasser, mit einer rückständigen Lohbrühe, welche ihren Gerbestoff verloren hat, und bloß noch Gallussäure enthält. Man mengt dieser so viel Schwefelsäure (Vitriolöl) bey, daß gegen 100 Pfund Wasser ein Pfund von selbiger zu stehen kommt, rührt alles wohl unter einander, und hängt nun die in den dazu bestimmten Rahmen ausgespannten Häute in diese Flüssigkeit: sie sind nach einem Zeitraum von 6 Tagen gleichfalls zum Enthaaren vorbereitet; und dieses kann nun nach gewöhnlicher Art veranstaltet werden.

2. Das Schwellen der enthaarten Häute.

§. 647.

Man glaubt gemeiniglich daß das Schwellen der starken Ochsenhäute (bey den übrigen dünnern zu Schmal- und Oberleder bestimmten Häuten ist solches nicht erforderlich) bloß dazu diene, die Häute aufzulockern, um sie für den Eingang des Gerbestoffes zugänglicher zu machen: dies ist aber eine ungegründete Voraussetzung. Das Schwellen der starken Ochsenhäute ist eigentlich dazu bestimmt, die heterogenen Gemengtheile, welche die Haut bilden, die Gallerte und die Fasersubstanz, zu einer homogenen Substanz mit einander zu mischen, und so eine Entorganisirung in der Hautmasse zu veranlassen, die solche zur Darstellung eines brauchbaren und dauerhaften Leders geschickt macht.

§. 648.

Um diese Verändnung in der Hautmasse zu veranlassen, ist die Einwirkung einer Substanz erforderlich, welche so gut gegen die Gallerte als gegen den Faserstoff eine auflösende Kraft besitzt; und hiezu qualificirt sich nichts besser, als eine essigartige vegetabilische Säure. Mineralsäuren (z. B. verdünnte Schwefelsäure) leisten zwar eine ähnliche, aber weit weniger vollkommene Wirkung. Die essigartige Säure erregt durch ihre auflösende Wirkung eine Art von Fermentation in der Haut, dadurch wird selbige nach allen Punkten ausgedehnt, in ihrem Volum erweitert, und folglich in den Stand gesetzt, nach geschehener Einsaugung des Gerbestoffes ein Leder darzustellen, das in seinem Durchmesser nach der Dicke, den Dickendurchmesser der rohen Haut gar sehr übersteigt: ein Erfolg, der beym Schwellen mit Mineralsäure nie in dem Maaße erregt werden kann.

§. 649.

Um das Schwellen mit essigartiger Säure zu veranstalten, bedient man sich entweder der (§. 434.) beschriebnen gut gesäuerten Schwellbeitze, oder auch der (457.) beschriebnen essigartigen Säure. Man setzt die Rahmen mit den darin ausgespannten Häuten in die Fugen der Schwellgrube (Taf. II. Fig. k.) übergießt solche darauf mit der Schwellbeitze, so daß sie mit den Rahmen vollkommen darin untergetaucht sind. So läßt man solche dann, bis die Brühe ihre Säure verlohren hat, und ein fauligter Geruch derselben ihren Anfang nimmt. Sind die Häute noch nicht hinreichend geschwellt, dann wird die alte Brühe ausgepumpt und frische in der Grube gebracht, bis die Schwellung vollendet ist, welches daran erkannt wird, daß die geschwellte Haut beym Einschneiden eine zitternde elastische Beschaffenheit zu erkennen giebt, und gegen das Licht gehalten, eine hornartige Durchsichtigkeit wahrnehmen läßt.

3. Die Zubereitung der Lohbrühe.

§. 650.

Die Eichenlohe bestehet, wie bereits erwähnt worden, aus Gerbestoff, aus Gallussäure, und aus holzigen

Theilen. Jene sind im reinem Wasser lösbar, die letztern sind unauflöslich darin. Wird daher die fein zermahlene Eichenrinde, so wie jede andre Gerbestoff reichlich enthaltende Substanz, mit Wasser übergossen, so nimmt solches die lösbaren Theile daraus in sich, und läßt die unauflöslichen zurück. Wird die gebildete Lösung von den holzigen Theilen abgezogen, oder das eine gehörige Zeit darüber gestandene Wasser nun hindurch filtrirt, so enthält die abfiltrirte Brühe den wirksamen gerbenden Stoff mit sich verbunden. Eine solche Flüssigkeit ist es nun, welche Lohbrühe, Lohextrakt, oder auch Gerbelauge genannt wird, und in der Schnellgerberey unentbehrlich ist.

§. 651.

Um diese Lohbrühe zu bereiten, wird der durchlöcherte, mittlere Boden der Extraktionsgefäße q. q. q. q. q. q. mit einem Stück Leinwand, oder auch Flanell belegt, um das Durchfallen der Lohtheile zu verhindern. Hierauf werden die Gefäße selbst mit der gemahlnen Eichenlohe, oder irgend einem andern gerbenden Material das angewendet werden soll, gefüllet, so daß nur der sechste Theil ihres innern Raums leer bleibt. Um das bequem zu verrichten, befindet sich eine bewegliche Treppe in der Werkstatt, welche an jedes einzelne Gefäß angesetzt wird, und auf welcher der Arbeiter hinaufsteigt.

§. 652.

Sind jene Gefäße mit Lohe gefüllt, so wird so viel Wasser darauf gegossen, daß die Lohe nicht nur von selbigem nach und nach vollkommen durchdrungen, sondern zuletzt auch damit vollkommen bedeckt wird. Das Wasser wird entweder mit Eimern in die Gefäße getragen, oder man bedient sich dazu eines in der Mitte zwischen denselbeu, hinter dem Lohbrüh-Reservoir g. placirten Brunnens, dessen Wasser in eine über die Extraktionsgefäße fortlaufende Rinne fällt, aus welcher zu jedem einzelnen Gefäß ein Hahn hingeht, der geöffnet und verschlossen werden kann, wie Taf. III. Fig. 5. deutlich zu sehen ist.

§. 653.

Hat das Wasser zwey Stunden lang auf der Lohe in den Gefäßen gestanden, so wird aus einem jeden ein auch zwey Eimer der Flüssigkeit mittelst des Hahns abgelassen, und solche hierauf wieder zu der übrigen rückständigen Masse gegossen: ein Handgriff, der deshalb beobachtet werden muß, weil das was sich zuerst durch die Lohe hindurch in den untern Raum des Extraktionsbehälters drängt, noch nicht hinreichend mit extraktiver Materie geschwängert ist. Hierauf werden die Extraktionsgefäße mit ihren Deckeln verschlossen, und bleiben nun 48 Stunden lang ruhig stehen: worauf die Hähne geöfnet werden, um die entstandne Lohbrühe in die Receptionsbehälter f. f. f. f. f. f. abzulassen; aus welchen selbige sodann, mittelst einer transportabeln Pumpe, in die zum Reservoir bestimmte Grube g übergeführt wird.

§. 654.

Ist diese erste Extraktion beendigt, so wird zur zweyten geschritten, weil durch die erstere der Lohe noch nicht alle extraktiven Theile entzogen worden sind. Die Extraktionsgefäße werden zu dem Behuf zum zweytenmal, ganz wie vorher mit Wasser gefüllet, nach ein Paar Stunden das zuerst durch gezogne abgelassen, und wieder in die Fäßer zurück gegossen, und nach 48 Stunden die Brühe total abgezogen. Man bringt diese schwächere Brühe, welche jetzt weniger mit extraktiven Theilen beladen ist als die erste, in eine der zum Gerben bestimmten Gruben h oder i. um solche besonders aufzubewahren.

§. 655.

Die rückständige Lohe ist nun, ihrer extraktiven Stoffe größtentheils beraubt. Um aber gar nichts unbenutzt zu lassen, wird selbige zum drittenmal, nach der vorher beschriebenen Art mit Wasser extrahirt, und die entstandene Brühe in die Receptionsgefäße abgelassen; worauf denn die ausgelaugte Lohe aus den Extraktionsgefäßen herausgenommen, und zu Lohballen verarbeitet wird; während die dritte sehr schwache Brühe in den bedeckten Receptionsbehältern bleibt.

§. 656.

Jetzt schreitet man zu einer neuen Auslaugung von frischer Lohe. Die Extraktionsgefäße werden zu dem Behufe mit neuer Lohe angefüllet, und nun statt des bloßen Wassers, die dritte sehr schwache Lohbrühe, mittelst einer transportabeln Pumpe auf die Lohe in den Extraktionsgefäßen geleitet. Da diese Brühe aber nicht hinreichend ist, um nach dem Durchziehen der Lohe mit dem Fluido, solche vollkommen damit zu bedecken, so muß das Fehlende durch bloßes Wasser ersetzt werden. Man läßt jetzt das

Ganze abermals erst zwey Stunden ruhen, ziehet dann so viel, als zwischen dem mittlern und dem untern Boden enthalten seyn kann, von der Flüssigkeit ab, gießt selbige in die Extraktionsgefäße zurück, und verrichtet dann nach 48 Stunden das völlige Abziehen der gebildeten Lohbrühe. Auf diese Art wird nun die Zubereitung der Lohbrühe ununterbrochen fortgesetzt, so daß jede neue Portion der gemahlnen Lohe, eine dreymalige Auslaugung oder Extraktion erleidet.

Wie die Stärke der Lohbrühe bestimmt werden muß. Lohe = Aräometer.

§. 657.

Auf diese Art gewinnt man also zweyerley Arten der Lohbrühe, starke und schwache. Um die Stärke einer solchen Lohbrühe, nemlich ihren Gehalt an Gerbestoff zu bestimmen, bedient man sich eines Aräometers. Man findet dieses Instrument Taf. III. Fig. 6. abgebildet: es kann aus Glas oder auch aus Metall am besten aber aus versilbertem Kupfer verfertigt seyn. Es besteht aus einer hohlen Kugel a; an der sich unten eine kleinere Kugel b befindet, die inwendig mit irgend etwas beschwert ist, um die größere nebst ihrem gleich zu beschreibenden Skalenrohr c d im Wasser untersinkend zu machen. Dieses Rohr gehet aus dem Mittelpunkte der obern größern Kugel heraus. Ist das Instrument von Glas, so ist dieses Rohr inwendig hohl, oben zugeschmolzen, und hält die auf Papier gezeichnete Skale in seinem innern hohlen Cylinder eingeschlossen.

Ist das Instrument aber von Metall, so besteht diese Skale in einem langen viereckigen Metallstreifen, auf welchem die Grade der Skale gravirt sind. Die Abtheilung selbst, ist nach den Grundsätzen der Lambertschen Salzspindel, nach Procenten eingerichtet, so daß das Instrument in reines Wasser getaucht, bis d oder Nullgrad einsinkt, wogegen jeder andre Grad z. B. 3. 5. 6. 10. 15. u. s. w. anzeigt, daß in 100 Pfund der Brühe 3. 5. 6. 10. 15 Pfund u. s. w. an Gerbestoff und andern extraktiven Theilen enthalten sind. Ein solches Instrument ist in der Schnellgerberey unentbehrlich.

Anmerkung. Wer sich ein solches Instrument, das ich Lohe-aräometer nennen will, anzuschaffen gedenkt, erhält solches hier in Berlin bey dem Königl. Akadem. Mechanikus Herrn Johann Jacob Renard verfertigt, mit Etui von Blech, welches zugleich als Gefäß dient, in welches die Lohbrühe zur Prüfung gefüllet, und das Aräometer eingetaucht werden kann, das Stück zu 2 Thaler. Van Metall verfertigt aber mit Etui, das Stück zu 4 Thaler; und man kann sich deshalb in postfreyen Briefen an ihn unmittelbar wenden.

§. 658.

Soll mittelst dieses Instruments die Lohbrühe geprüft werden, so füllet man entweder ein hinreichend tiefes Bierglas, oder auch das dem Instrument beygefügte Etui mit der Flüssigkeit an, und beobachtet dann auf welchen Grad solches in der Brühe einsinkt; und nun hat man es in seiner Gewalt die zu starken Brühe entweder mit schwacher zu verdünnen, oder die schwache mit jener zu verstärken, bis die verlangte Stärke derselben, oder der erforderliche Grad der specifischen Dichtigkeit, erreicht worden ist.

§. 659.

Mittelst dieses Lohe-Aräometers, kann nun jedesmal die Stärke der Lohbrühe bestimmt werden, welche angewendet werden soll, was um so nothwendiger ist, da nicht jede Art der Thierhaut einerley Stärke derselben verträgt, und bey dem Gerben selbst, immer drey verschiedene Grade derselben, erst schwache, dann stärkere, und zuletzt starke Brühe erforderlich sind, wie weiterhin näher erörtert werden soll. Wer Raum genug hat, kann für jeden Grad der Lohbrühe ein besonders Reservoir vorräthig halten; wer diesen nicht hat, kann solche gleich beym Gebrauch aus starker und schwacher Lohbrühe, oder auch aus starker Lohbrühe und Wasser zusammenmengen.

4. Das Gerben der Häute in der Lohbrühe.

§. 660.

Soll nun mittelst dieser Lohbrühe, das Gerben der Häute veranstaltet werden, so ist eine dreyfache Operation dazu erforderlich: 1) die Behandlung in der Farbenbrühe; 2) die Behandlung in der zweyten Brühe; und 3) die in der dritten Lobrühe: wovon eine jede, nach der verschiedenen Art der darin zu behandelnden Thierhaut, auch eine verschiedene Stärke besitzen muß.

Farben-

Farbenbrühe.

§. 661.

Die Farbenbrühe, oder so genannte Treibfarbe, ist dazu bestimmt, die hineingebrachten Häute darin zu narben, und ihre äußere Fläche zu färben. Sie bestehet, für jede Art der Thierhäute, in einer schwachen Lohbrühe von 3 Grad nach den Aräometer, welcher für jede 1000 Pfund (der Eymer enthält ohngefähr 30 Pfund) ein Pfund Vitriolöl zugesetzt worden ist, welches unter stetem Umrühren hineingegossen wird, indem man das Ganze recht gut untereinander arbeiten läßt. Diese Vermengung kann entweder in einer leeren Gerbegrube, oder auch gleich in derjenigen gemacht werden, in welcher gegerbt werden soll: ersteres ist aber rathsamer.

Zweyte Brühe.

§. 662.

Die zweyte Brühe bestehet in einer Lohbrühe die 6 Grad nach dem Aräometer angiebt. Sie wird gleichfalls aus starker Brühe und aus schwacher, oder aus starker Brühe und Wasser gemengt, bekommt aber keinen Zusatz von Säure. In diese Brühe kommen nun die Häute, welche die Behandlung in der Farbenbrühe bereits überstanden haben, und bleiben so lange darin, bis die Brühe allen Gerbestoff verlohren hat.

Dritte Brühe.

§. 663.

Die dritte Brühe bestehet in einer starken Lohbrühe,

in welcher der Aräometer zehn Grad zu erkennen giebt. Ist ie vorhandene Lohbrühe stärker, dann muß sie mit schwacher so weit verdünnt werden, bis solche den gehörigen Grad der Dichtigkeit angenommen hat. In dieser werden nun die Häute vollends fertig gegerbt, und so oft die erste Brühe erschöpft ist, den gerbenden Häuten, bis zur entstandenen vollkommnen Gahre, ein neues Bad gegeben.

Einsenken der Häute in die Gerbegrube.

§. 664.

Nachdem die gehörig vorbereiteten und gereinigten, auch von allen überflußigen Wassertheilen gut ausgestrichnen Häute, in die für sie bestimmten Rahmen ausgespannt worden sind, werden diese Rahmen in die dazu gehörigen Fugen der Gerbegrube eingesetzt. Ist dieses vollendet, so wird die Grube mit der Farbenbrühe angefüllt, so daß die Häute mit den Rahmen vollkommen damit überdeckt sind. Die Grube wird hierauf mit ihrem Deckel verschlossen, und nun 24 Stunden lang in Ruhe gelassen. Nach diesem Zeitraume, werden die Rahmen empor gezogen, der mittelste herausgenommen, und die Brühe gut untereinander gerührt, worauf die Rähme wieder eingesenkt werden, und 24 Stunden in Ruhe bleiben. Nach diesem Zeitraum ist die Brühe erschöpft, die Häute aber erscheinen gut genarbt, und mit einer gelblichen Farbe versehen. Die Flüssigkeit wird nun ausgepumpt, und weggegossen, weil solche weiter keinen Werth hat.

§. 665.

Die in der Grube befindlichen Häute werden hierauf mit der zweyten Brühe, welche 6 Grad nach dem Aräometer zeigt, übergossen, und in dieser bleiben selbige abermals so lange, bis die Brühe von allem Gerbestoff möglichst erschöpft ist. Man erkennt dieses daran, daß, wenn man in eine Portion der herausgenommenen Brühe einige Tropfen einer mit Wasser gemachten Auflösung von Tischlerleim fallen läßt, kein bedeutender flockiger Niederschlag mehr bewirkt wird. Die Brühe wird nun abermals ausgepumpt, und die Häute, ohne sie aus der Grube zu nehmen, bekommen nun die dritte Brühe, welche 10 Grad nach dem Aräometer zeigt: worin selbige so lange beharren, bis sie vollkommen lohgar sind.

5. Behandlung der Häute während des Gerbens.

§. 666.

So lange die Häute, es mögen starke Ochsenhäute, oder Kuh- Roß- und Schweinshäute, oder Kalbfelle u. s. w. seyn, in den verschiedenen Gerbe-Bädern eingesenkt sind, müssen die Rahmen alle 24 Stunden wenigstens einmal emporgezogen werden, um die Brühe mit einer hölzern Krücke auf und recht gut unter einander zu rühren, damit die wieder eingesenkten Häute stets neue Berührungspunkte mit dem Gerbstoff bekommen, und selbigen so schnell wie möglich in sich saugen können.

§. 667.

Die Kalb- Schaaf- und Hammelfelle, so wie die

Häute von andern kleinern Thieren, werden gemeiniglich schon in der zweyten Brühe lohgar, und bedürfen daher keine dritte oder 10 gradige. Die stärkern Häute müssen aber auch diese stärkere Brühe oder das dritte Bad erhalten. Sie werden davon aber gemeiniglich früher lohgar, als der Gerbestoff der Brühe vollkommen ererschöpft ist; man findet diese vielmehr, nach beendigter Lohgare, in den Zustand der zweyten, oder auch in den Zustand der ersten Brühe umgeändert, welches deren Prüfung mittelst des Aräometers, sehr deutlich erkennen läßt, und sie kann nun zur Anstellung neuer Gerbegruben oder Gerbebäder angewendet werden.

§. 668.

Ist die Gerbung beendigt, haben die Häute eine vollkommne lohgare Beschaffenheit erhalten, dann werden selbige mit ihren Rahmen aus der Grube herausgezogen, hierauf aber jede einzelne Haut, um selbige von den etwa ansitzenden Schleimtheilen, oder andern Unreinigkeiten zu befreyen, in der Grube mit der noch übrigen Lohbrühe gut gewaschen und gereinigt, und dann, mit sammt dem Rahmen, an einen schattigen Ort, zum langsamen und unvollkommnen Austroknen hingestellt, oder mittelst ihren Ringen aufgehängt: worauf solche dem Zubereiter übergeben, und ganz nach der gewöhnlichen Art appretirt werden.

6. Zeitraum welcher zur Lohgarmachnng erfordert wird.

§. 669.

Auf diese Art behandelt, wird die Zeit der Lohgarmachung für alle Arten der Häute, gegen die sonst erforderliche, überaus abgekürzt, und die gegerbten Häute sind bey alledem von einer so vorzüglichen Güte und Beschaffenheit, daß solche selbst dem besten Kenner, und strengsten Beurtheiler, nichts zu wünschen übrig lassen. Was die Zeit des Gerbens betrifft, die für jede Art Thierhaut erfordert wird, so habe ich nach meiner eignen Erfahrung solches zwar nie dahin bringen können, sie so zu beschleunigen, wie Seguin es gefunden haben will; aber nach einem mittlern Durchschnitt kann ich doch folgendes als der Wahrheit gemäß festsetzen:

a) Die stärksten Ochsenhäute erfordern vom Einlegen in die Farbenbrühe an, bis zur völligen Lohgarmachung, einen Zeitraum von 30 Tagen, und jedes Pfund der trocknen Haut verschluckt, den Gerbestoff von 7 Pfund guter Eichenlohe.

b) Die Kuh- und Roßhäute erfordern vom Einlegen in die Farbenbrühe an, bis zur völligen Lohgarmachung, einen Zeitraum von 20 Tagen; und jedes Pfund dieser trocknen Haut absorbirt hiebey gleichfalls den Gerbstoff von 7 Pfund Eichenlohe.

c) Die stärksten Kalbfelle erfordern vom Einlegen in die Farbenbrühe an, bis zur völligen Gahrwerdung, 12 Tage Zeit; kleine Kalbfelle, Schaffelle ꝛc. sind oft schon in 6, 7, 8 höchstens 9 Tagen völlig lohgar. Auch von diesen wird für jedes Pfund der trocknen Haut der Gerbestoff von 7 Pfund Eichenlohe absorbirt.

§. 670.

Aus den hier aufgestellten Erfahrungen ergiebt sich, daß bey der Schnellgerberey im Durchschnitt für jedes Pfund trockne Haut, der Gerbestoff von 7 Pfund guter Eichenlohe erfordert wird. Nun wird aber, nach dem Urtheil mehrer sehr erfahrner und sachkundiger Lohgerber, das ich darüber eingezogen habe, bey der gemeinern Gerbungsart für eine starke Rindshaut im Durchschnitt 13 Pfund Eichenlohe erfordert, und folglich nach der neuen Art 6 Pfund, beynahe die Hälfte, dabey erspart: ein Umstand, der für diejenigen Länder, wo Mangel an Eichenlohe existirt, und solche zu hohen Preisen bezahlt werden muß, nicht aus der Acht gelassen werden darf.

Zeitraum welcher nach meiner Verfahrungsart von der ersten Bearbeitung an, bis zur völligen Lohgarwerdung der Felle überhaupt erfordert wird.

§. 671.

Der im vorigen Paragraph gegebnen Uebersicht gemäß, ist die Ersparung an Zeit, für die eigentliche Gerbung, welche diese Gerbungsart gegen die gewöhnliche darbietet, wenn man auch das Kleinste nennt, doch so bedeutend, daß solche bey den starken Ochsenhäuten so wie den Kuh- und Roßhäuten, sich gegen sonst wie 1 zu 12, und bey den Kalbfellen und denen von andern kleinen Thieren, sich wie 1 zu 15 bis 18 verhält: welches also als sehr bedeutend anerkannt werden muß. Rechnet man hiezu aber noch die Zeit-Ersparung, welche meiner Bearbeitungsart zufolge, beym Enthaaren, und beym Schwellen der Ochsenhäute, bey der Behandlung der kleinern Häute im Kalk ꝛc. gewonnen wird, denn ist der Zeitgewinnst noch viel bedeutender: Folgende Recapitulation wird dieses deutlicher beweisen.

a) Die starken Ochsenhäute erfordern:

1) Zum Einweichen und Waschen			2	Tage.
2) Zum Enthaaren und Entfleischen			1	=
3) Zum Schwellen	=	=	12	=
4) Zum Gerben	=	=	30	=
		Summa	45	Tage.

b) Die Kuh= Roß= und Schweinshäute erfordern:

1) Zum Einweichen und Waschen			2	Tage.
2) Zum Enthaaren und Entfleischen			1	=
3) Zum Gerben	=	=	20	=
		Summa	23	Tage.

c) Die Kalb= Schaaf= und andere kleine Häute erfordern:

1) Zum Einweichen und Waschen			2	Tage.
2) Zum Enthaaren durch Kalkmilch			6	=
3) Zum Gerben	=	=	9	=
		Summa	17	Tage.

Einfluß der Temperatur auf den schnellen Erfolg des Gerbens.

§. 672.

Es ist auch in der gewöhnlichen Gerberey eine allgemein bekannte Erfahrung, daß je höher die Temperatur der

Atmosphäre, folglich auch die der gerbenden Lohemassen in den Gruben ist, um so schneller erfolgt die Lohgarwerdung der Häute: daher auch viele Gerbereyen die Gewohnheit haben, besonders bey Kalbfellen, die Lohe mit warmen Wasser anzubrühen. Eben dieses ist auch der Fall bey der hier beschriebenen Schnellgerberey. Um daher auch im Winter, der gerbenden Lohbrühe einen gehörigen Grad der Temperatur zu erhalten, sind die Gruben h und i Taf. II. so eingerichtet, daß sie geheizt werden können. Das Heitzen geschieht mit Lohballen, oder auch jedem andern Brennmaterial; Lohballen und Torf sind aber hiezu am schicklichsten, weil selbige ein langsames ruhiges Feuer geben.

§. 673.

Sollen die Gruben geheizt werden, so zieht man vorher die Häute mit ihren Rahmen empor, und rührt die sich erwärmende Lohbrühe mit einer Krücke von Zeit zu Zeit wohl um, damit das untere wärmere Fluidum, sich mit dem obern kalten mengen, und die Wärme sich gleichförmig vertheilen kann. Nie darf aber die Temperatur höher, als auf 25 Grad Reaumür getrieben werden. Man senkt dann die herausgehobenen Häute wieder ein, deckt die Grube zu, und überläßt das Ganze dem Erfolg der Gerbung; nachdem vorher das Feuer unter der Grube völlig verlöscht worden ist. Die Gerbegruben für die Kalbfelle ꝛc. bedürfen keiner Heitzung, es ist hinreichend, wenn man im Winter von Zeit zu Zeit eine Portion der Gerbebzühe herausnimmt, solche in einem der Kessel bis zum Sieden erhitzt, und sie denn der übrigen kalten Brühe wieder zusetzt, um deren Temperatur zu erhöhen.

§. 674.

Nach dieser gemachten Uebersicht aller dabey zu erzielenden Vortheile, wird man sich leicht überzeugen, daß die Schnellgerberey im allgemeinen, und wie ich mir schmeichle, vorzüglich nach den von mir angegebnen Verbesserungen betrieben, alle mögliche Aufmerksamkeit und Einführung verdient: auch habe ich immer gefunden, daß, so sehr mancher praktische Lohgerber auch anfangs gegen diese Gerbungsart eingenommen war, eben so sehr war selbiger für dieselbe interessirt, so bald er durch eine eigne Prüfung sich von deren Güte und der Vollkommenheit des Leders überzeugt hatte, welches auf diesem Wege producirt wird.

§. 675.

Ich habe bey dieser Beschreibung der verbesserten Schnellgerberey, bloß vom Gebrauch der Eichenlohe geredet; aber was ich von der Anwendung und Behandlung dieser erörtert habe, gilt auch für die Anwendung jedes andern gerbenden Materials, wenn solches vorher gleich der Eichenlohe auf einer Lohmühle gemahlen, dann nach der beschriebnen Art kalt extrahirt, und die erhaltene Brühe zur Gerbung angewendet wird: nur wird alsdann, nach dem reichern oder ärmern Gehalt an Gerbestoff, welcher in einem solchen Material enthalten ist, bald mehr bald weniger von selbigem erfordert, um eine gegebne Quantität der Häute gahr zu machen.

§. 676.

So fand ich bey meinen darüber angestellten genauen Versuchen *): daß während ein Pfund trockne Haut, um völlig gahr zu werden a) an Eichenlohe absorbirte 7 Pfund; so gebrauchte dasselbe: b) von den Eicheln oder Eichenfrüchten nur $6\frac{1}{2}$ Pfund; c) von den Eichenblättern 10 Pfund; d) von den jungen Zweigen des virginischen Sumachs 10 Pfund; e) von der Tromentillwurzel $1\frac{1}{2}$ Pfund; f) von der Bistorte- oder Natterwurzel 3 Pfund; g) von der Rinde des Ebereschenbaumes 6 Pfund; h) von der Bruchweiden-Rinde 8 Pfund; i) von der Lorbeerweidenrinde 9 Pfund; k) von dem gemeinen Heidekraut 17 Pfund; l) vom gemeinen Gänserichkraut 19 Pfund; m) vom Fünffingerkraut 20 Pfund. Wie sich die vielen anderweitigen gerbenden Substanzen in gleicher Hinsicht gegen die Eichenlohe verhalten, habe ich noch nicht versucht, werde solches aber zu gelegner Zeit noch nachholen.

---

*) Hermbstädts Journal für Lederfabrikanten und Gerber rc. 1r Band. Berlin 1804. S. 47 rc.

Ende des Ersten Theils.

Zu Hermbstaedts Journal fi

Fig. 3.

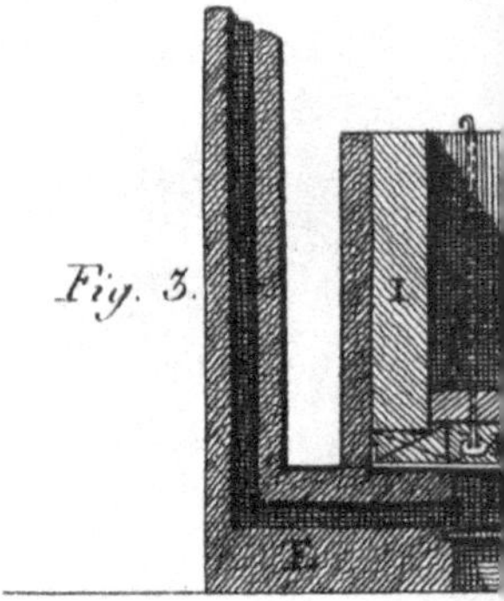

Fig. 2.

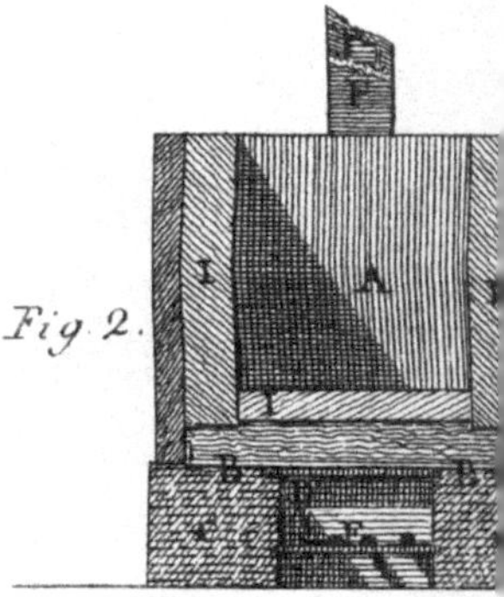

Fig. 1.

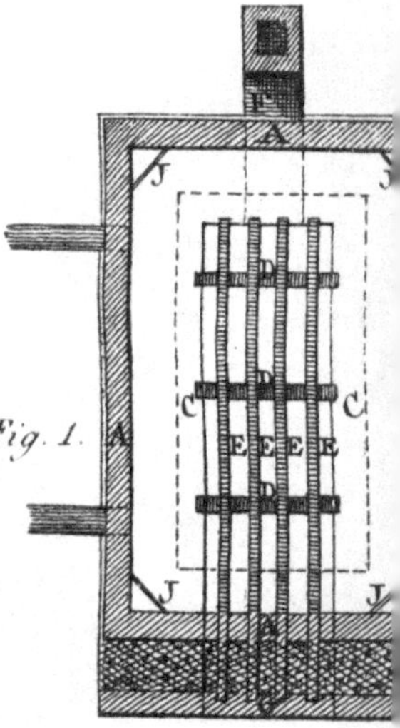

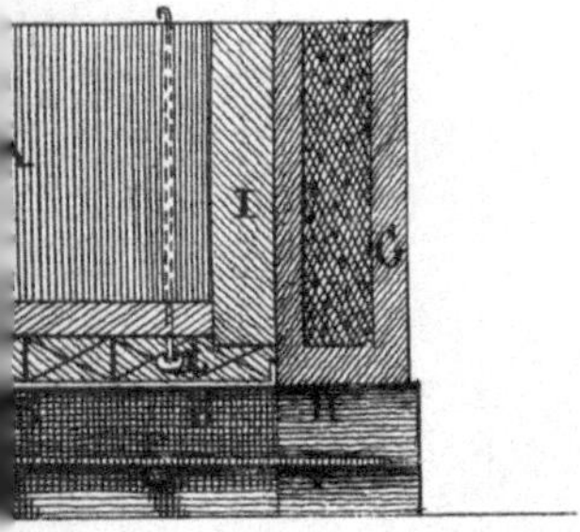
L
G
H

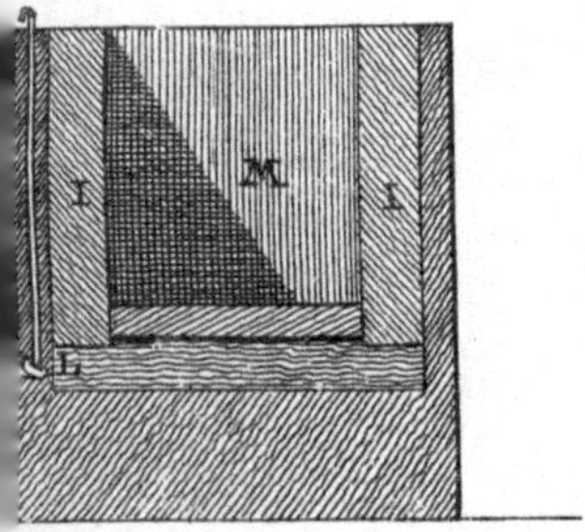
I
M
I
L

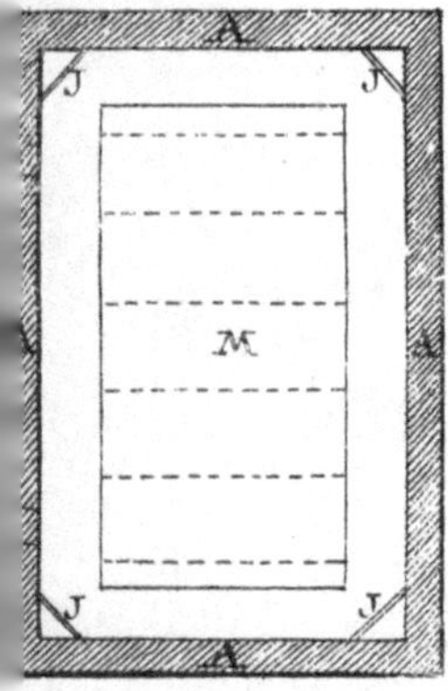
A
J
J
M
A
J
J
A

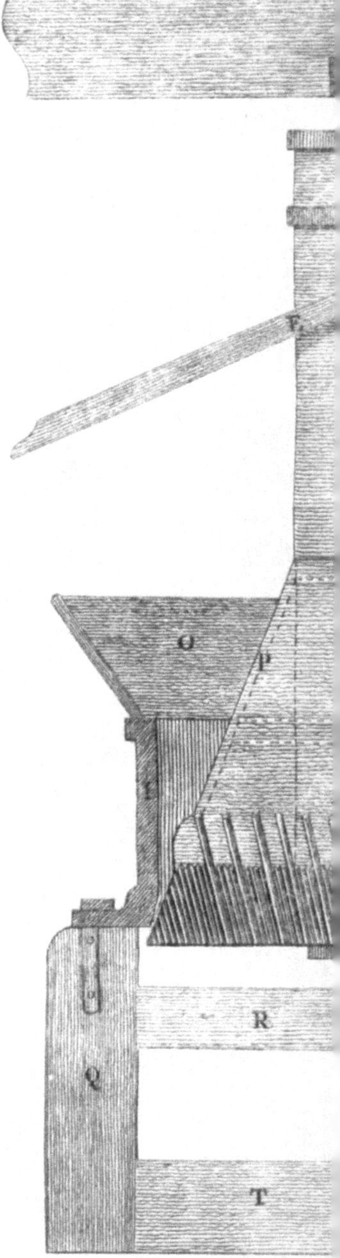
E
O
P
I
R
Q
T

rber 1ter Band Tab. II

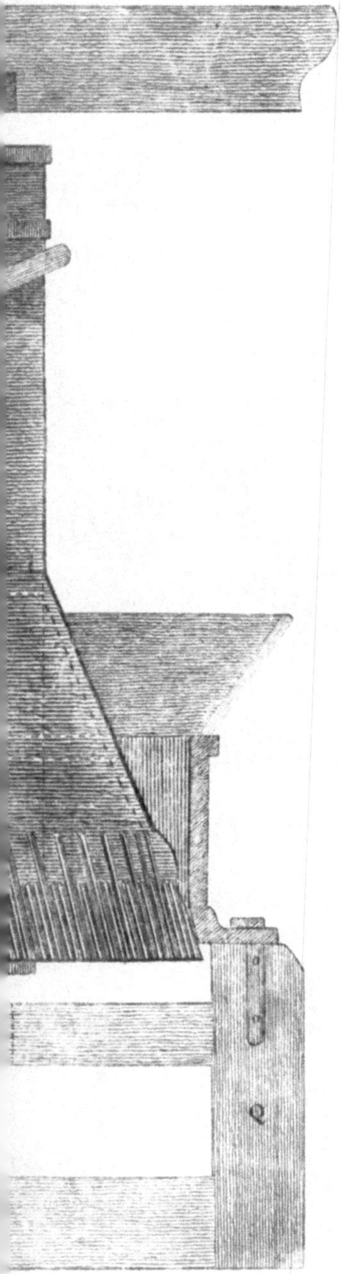

FSC
www.fsc.org
MIX
Papier | Fördert
gute Waldnutzung
FSC® C083411

Zeitfracht Medien GmbH
Ferdinand-Jühlke-Straße 7
99095 Erfurt, Deutschland
produktsicherheit@kolibri360.de